蔬菜 科学施肥与高效栽培技术

赵 维 孙文彦 常尚连 张 娟 等 著

U0306405

中国农业科学技术出版社

图书在版编目（CIP）数据

蔬菜科学施肥与高效栽培技术 / 赵维等著. --北京：中国农业科学技术出版社，2023.2（2025.2重印）

ISBN 978-7-5116-6247-7

Ⅰ. ①蔬…　Ⅱ. ①赵…　Ⅲ. ①蔬菜－施肥 ②蔬菜园艺　Ⅳ. ①S63

中国国家版本馆CIP数据核字（2023）第057942号

责任编辑	白姗姗
责任校对	李向荣
责任印制	姜义伟　王思文

出 版 者	中国农业科学技术出版社
	北京市中关村南大街 12 号　　邮编：100081
电　　话	（010）82106638（编辑室）　　（010）82109702（发行部）
	（010）82109709（读者服务部）
网　　址	https://castp.caas.cn
经 销 者	各地新华书店
印 刷 者	北京虎彩文化传播有限公司
开　　本	148 mm×210 mm　1/32
印　　张	6.125
字　　数	165 千字
版　　次	2023 年 2 月第 1 版　　2025 年 2 月第 3 次印刷
定　　价	39.80 元

《蔬菜科学施肥与高效栽培技术》

组织编写单位

山东省农业科学院
东营市对口支援新疆疏勒县工作指挥部
东营市农业农村局

技术支持单位

山东省农业科学院蔬菜研究所
东营市农业综合服务中心
疏勒县农业农村局

《蔬菜科学施肥与高效栽培技术》
著者名单

主　著： 赵　维　　孙文彦　　常尚连　　张　娟

副主著： 崔义河　　李翠梅　　张　博　　李　凡

　　　　　 王红梅　　刘立锋　　姜浩强　　李鲁涛

著　者： 刘　芳　　王文倩　　王明霞　　尹红娟

　　　　　 毕云霞　　朱小乐　　文丽伟　　王施慧

　　　　　 张　强　　王辉霞　　周桂花　　孙传蛟

　　　　　 苏晓光　　韩宏伟　　刘会芳　　张金玉

　　　　　 杨　健　　赵丽娟　　董　飞　　拜艳玲

‖ 序 言 ‖

农为邦本，本固邦宁。

自2020年初进疆以来，东营市第十批对口援疆指挥部党委坚持以习近平新时代中国特色社会主义思想为指导，深刻学习领会习近平总书记关于"三农"工作重要论述，深入贯彻落实习近平总书记考察调研新疆时重要讲话、重要指示精神，扎实贯彻落实第三次中央新疆工作座谈会和第八次全国对口支援新疆工作会议精神，严格落实鲁疆两地党委关于援疆工作的各项决策部署，加大资金扶持和"外引内培"力度，精心设立和科学实施各类农业援疆项目，引进国内知名省级科研院所专业人才，成立产研院，设立工作站，构建集产学研教创、成果转化、技术培训与人才培养于一体的产业科技服务体系，务实推进产业援疆、科技援疆、智力援疆，有力地促进了当地蔬菜产业与科技深度融合，产品质量、效益和竞争力得到显著提升，乡村发展、乡村建设、乡村治理等工作扎实推进，乡村振兴迈出坚实步伐。

新疆维吾尔自治区喀什地区疏勒县是一个典型的农业大县。相较于内地农业发达地区，全县农业产业发展方式较为粗放，产业布局较为分散，发展基础比较薄弱，乡村产业规模偏小，发展后劲不足，产业融合不够紧密，技术人才缺乏，科技贡献率低，种植管理水平低下，散低小弱问题突出，资源优势没有充分发挥，没有形成有影响力的"拳头"产品。技术和人才是产业发展的最大短板。

当前，已迈入全面推进乡村振兴、加快农业农村现代化时代。援疆工作必须立足新发展阶段，贯彻新发展理念，构建新发展格局，以习近平新时代中国特色社会主义思想为指引，完整准确贯彻新时代党的治疆方略，全面深入学习贯彻党的二十大精神，坚持农业农村优先发展，聚焦"富民兴疆"发展定位，把乡村振兴产业兴旺作为重中之重，强化科技支撑，深入实施科技兴农、质量强农、品牌富农战略，加强农业绿色生态、提质增效技术等研发应用，积极开展相关技术培训与技术服务，促进产学研一体化进程，给农业插上科技的翅膀。

产业兴旺，科技先行。宣传、普及和推广先进适用的优良新品种和实用新技术乃当务之急，东营市对口援疆指挥部组织相关单位、有关专家与技术人员编写的《蔬菜科学施肥与高效栽培技术》一书，技术先进，内容翔实，针对性、适用性、操作性和可读性强。希望通过此书的出版发行，培养更多的技术人才，进一步提高疏勒县蔬菜种植技术普及率和到位率，实现品种优、技术优、管理优、品质优、价格优的发展目标，让更多科技成果贡献农业、惠及农民、赋能农村，努力为喀什地区蔬菜产业做大做强做出更大的贡献。

疏勒县委副书记

东营市对口支援新疆疏勒县工作指挥部党委书记、指挥

2023年2月

‖ 前 言 ‖

实现农业农村现代化，关键在科技，重点在人才。现代农业是以现代科技武装农业、农村和农民，不断提高农业的科技水平、管理水平和农民素质的高科技农业。加快实现农业农村现代化，必须提升农业科技水平，加速农业科技成果转化，提高农民科技素质，大力推进产学研、农科教相结合，强化应用科技研究，组建农业优秀团队，培育引进优良新品种，推广先进适用新技术，传授产业发展新理念，服务产业结构调整，为农业农村现代化提供科技支撑。

肥料是农业生产中重要的农业投入品。科学施肥是大幅度提高作物产量和改善品质的重要农业生产措施。蔬菜产业是疏勒县支柱产业，种植面积不断扩大，设施农业发展迅速，产量不断增长，很好地发挥了喀什菜篮子作用。调研发现，喀什地区各县（市）乡镇、种植大户、农业园区等蔬菜主产区，无论是在生产管理，还是科学施肥，都存在一些技术问题，而科学施肥是一项理论性和技术性都很强的农业措施，各级农技推广部门和农业技术人员技术理论知识也非常欠缺，在田间地头和进村入户技术宣传普及与应用推广时，存在较大盲目性和随意性，技术指导效果大打折扣，解决这一系列问题迫在眉睫。

为加强科学选肥、施肥等环节全程技术指导，提高肥料利用率，降低农民用肥成本，实现合理用肥、高效施肥，助力喀什地区乃至南疆地区蔬菜产业高质量发展，在东营市援疆指挥部项目扶持下，在山东省农业科学院蔬菜研究所、东营市农业综合服务中心、疏勒县农业农村局等相关部门单位技术支持下，我们组织科学施肥、蔬菜栽培、病虫害防治、农技推广等方面的专家和种植经验丰富的技术人员编写了《蔬菜科学施肥与高效栽培技术》一书。本书为实用性技术手册，内容丰富，技术先进，针对性和实操性强，供喀什地区各农业部门指导蔬菜生产使用，既可作为蔬菜生产技术培训教材，也可供蔬菜科技工作者参考。

编撰过程中，我们借鉴吸收了部分公开发表的文献资料和种植技术，在此谨向原作者（原创）表示衷心感谢，也向提供帮助和技术支持的各级管理部门和科研院所的领导、专家表示衷心感谢。

由于时间紧，编者知识储备及水平有限，实践经验较为欠缺，书中难免出现疏漏，恳请读者、同行批评指正。

编　者

2023年2月

‖ 目 录 ‖

上篇 作物营养与肥料知识

下篇 蔬菜高效栽培技术

上篇

作物营养与肥料知识

第一章

蔬菜的分类

现在栽培食用的蔬菜大部分起源于热带、亚热带和温带南部，起源地相同的蔬菜，因为进化过程中自然条件大致相同而表现出相似的生物学特性。

蔬菜的食用器官有根、茎、叶、未成熟的花、果实、幼嫩的种子，其中许多是变态的器官，如肉质根、块根、块茎、根茎、球茎、鳞茎、叶球、花球等。蔬菜不仅具有多方面的营养和医药价值，还是增加农民经济收入的重要经济来源。

第一节 蔬菜的分类

蔬菜的种类、品种多，要认识它们的生长发育规律，掌握适宜的栽培技术，必须对它们进行科学的分类。一般而言，蔬菜的分类方法有3种：植物学分类法、食用器官分类法和农业生物学分类法。这3种分类方法，各有一定的用途和特点。在蔬菜生产中应用最多的是农业生物学分类法。

第二节 蔬菜的农业生物学分类

依照农业生物学分类法，可将蔬菜作物分为茄果类、瓜类、豆类、白菜类、直根类、绿叶菜类、鳞茎类（葱蒜类）、薯芋类、多年生蔬菜、水生蔬菜、食用菌类、芽菜类、野生蔬菜和其他类14类。

1. 茄果类

茄果类蔬菜为茄科植物的果菜类通称。茄果类蔬菜包括番茄、茄子及辣椒。这类蔬菜植株喜温暖、怕寒。只能在无霜期内栽培。均采用育苗移栽，宜春、夏季开花结果，生长过程较长，增产潜力大，开花结果期间易发生落花、落果，栽培中要求合理运用促控措施，以协调营养生长与生殖生长的关系。

2. 瓜类

瓜类蔬菜是蔓性的一年生葫芦科蔬菜，以熟果或嫩果供食用。包括南瓜、黄瓜、西瓜、甜瓜、瓠瓜、冬瓜、丝瓜、苦瓜等。茎多为蔓性生长，同株异花。喜温暖、怕寒。只能在无霜期内栽培。多采用育苗移栽，宜春、夏季开花结果，生长过程较长，增产潜力大，栽培中要求适时采取合理的植株调整措施以及协调好营养生长与生殖生长的关系，以促进坐果与果实的膨大生长。

3. 豆类

豆类蔬菜包括菜豆、豇豆、毛豆、刀豆、扁豆、豌豆及蚕豆。茎多为蔓性生长，根部有根瘤菌寄生，能利用空气中的氮素。除豌豆及蚕豆外，其他均喜温暖、怕寒，只能在无霜期内栽培。直播或育苗移栽，多数宜春、夏季开花结果，生长过程较长，应适时支架以便植株在空间合理分布。开花结果期易发生落花、落果，栽培中要合理运用促控措施，以协调营养生长与生殖生长的关系。

4. 白菜类

白菜类蔬菜包括大白菜、结球甘蓝、花椰菜、青花菜、叶用芥菜、茎用芥菜等。植株较矮，喜凉爽，不耐热但耐寒。除大白菜多以种子直播外，其他多采用育苗移栽，宜秋季生长，产品器官有叶球、花球、肉质茎或发达的叶片。春季栽培易发生早熟抽薹而丧失商品性。

5. 直根类

直根类蔬菜是以肉质根为食用器官的蔬菜，包括萝卜、胡萝卜、根用芥菜（芥疙瘩、大头菜）、芜菁（蔓菁、窝儿蔓）、芜菁甘蓝、根芹菜、牛蒡、根甜菜（火焰菜、红菜头）等。植株较矮，喜凉爽，不耐热但耐寒。多以种子直播于秋季生长，主根膨大以肉质为产品，春季栽培易发生早熟抽薹。

6. 绿叶菜类

绿叶菜类蔬菜包括芹菜、菠菜、小白菜、莴笋（茎用莴苣）、各种叶用莴苣、芫荽（香菜）、茼蒿、蕹菜（空心菜）、苋菜、落葵等。植株矮小，常与高秆作物进行间作、套种。产品器官主要是其幼嫩的绿叶或嫩茎。多数喜凉爽，不耐热但耐寒。多数生长期短，生长迅速，采收期不严格，栽培较易。春季栽培易发生早熟抽薹。

7. 鳞茎类（葱蒜类）

鳞茎类蔬菜也称葱蒜类蔬菜，这是一类以其膨大的鳞茎、假茎或嫩叶为食的作物。主要包括大葱、大蒜、洋葱、韭葱、分葱、韭菜及薤等。植株较矮，喜凉爽但对温度的适应性广，既耐热又极耐寒。除大蒜以蒜瓣作为播种材料直播大田外，其他均以种子繁殖，采用育苗移栽。韭菜亦可用分株繁殖。宜于凉爽季节生长，生长过程较长。春季栽培易发生早熟抽薹。

8. 薯芋类

薯芋类蔬菜是一类具有肥大地下块茎或块根的蔬菜，包括马铃薯、生姜、山药、菊芋（洋生姜）、芋头、草石蚕、豆薯及葛等。多数植株高大，产品器官均为地下部的块茎、球茎或块根。除马铃薯生长期较短、不耐热外，其他均耐热，生长期亦较长。多以营养器官播种。栽培中易出现品种退化现象。

9. 多年生蔬菜

多年生蔬菜只需一次播种或栽植即可多年采收。包括芦笋、金针菜、百合、竹笋等。除竹笋外，其他蔬菜的地上部每年枯死，以地下根或茎越冬。

10. 水生蔬菜

水生蔬菜是一类耗水快，根系吸水弱，在蓄水的地方才能生长的蔬菜。包括莲藕、茭白、荸荠、慈姑、水芹、芡实等。喜热、喜水。多数用营养器官繁殖。

11. 食用菌类

食用菌类包括蘑菇、香菇、平菇、草菇、猴头、黑木耳、银耳、金针菇等。多数为人工栽培，栽培管理较为特殊。

12. 芽菜类

芽菜类是用蔬菜种子或粮食作物种子发芽作产品的蔬菜，如绿豆芽、黄豆芽、豌豆芽、荞麦芽、苜蓿芽、萝卜芽、香椿苗、扁豆芽、枸杞芽等。

13. 野生蔬菜

野生蔬菜种类很多，采集量较大的有蕨菜、芥菜、发菜、木耳、野生蘑菇、茵陈等。有些野生蔬菜也可以人工栽培，如苋菜、荠菜、地肤（扫帚菜）等。

14. 其他类

凡上述各类不包括的蔬菜均归为这一类，如黄秋葵、菜玉米等。

第二章

蔬菜生长的影响因素

蔬菜的生长发育可从叶子多少、开花早晚、果子大小等方面描述，也可用整个植株的长短、高矮、粗细来表示。蔬菜与其他绿色植物一样，对其生长发育的环境条件要求比较严格，影响蔬菜生长的因素很多，了解了它们及其影响蔬菜生长的方式，就能知道如何种好蔬菜，从而获得好的产量和收益。

一般而言，影响蔬菜生长的因素可以分为遗传因素和环境因素。环境是影响蔬菜发育的各种外部条件和作用因子的总和。每种蔬菜都要有适宜的温度、光照、水分、土壤、气体条件，才能良好地生长发育。在品种选择、种植时间与栽培措施等方面也要尽可能使之适应环境条件。只有这样，才能不断满足蔬菜生长发育期间对环境条件的要求，从而促使其优质、稳产、高产，充分满足市场的需要。

更进一步而言，我们不但要充分利用大自然给予的各种条件，更要创建各种保护设施，改善不利的环境条件，从而促进保护地蔬菜产业发展。

第一节 品 种

品种是决定蔬菜产量和品质的决定性因素，口感好、菜形和颜色满足市场要求，适应当地、当季环境条件、抗病性强的品种更具有优势。从养分利用的角度而言，需要选择既有高产遗传潜力又能充分利用所供养分的杂交种或品种。

实际生产中，要购买已通过农作物品种审定委员会正式审定（认定）命名的品种种子，购买已经过品种比较试验的已确定可大面积推广应用的品种种子。未经在当地试种的品种种子，不要盲目选购使用。要注意蔬菜品种的生育期、栽培季节和栽培方式是否与当地的茬口安排相符合。如温室专用品种、大棚专用品种、春露地品种、秋露地品种、耐贮运品种等，防止因栽培季节、种植方式、茬口安排和生育日期的不适造成损失。

购买蔬菜种子时，要仔细阅读种子包装袋上的说明书，注意种子的纯度、净度、发芽率和含水量等，还要注意种子的生产（检验）日期。确保种子具有较强的生活力，保证苗齐、苗壮。

第二节 光　照

光为植物光合作用提供能量，是植物生长发育最重要的环境因子之一。光照对植物的影响有3个方面，即光照强度、日照时数和光照的质量。植株生长发育的好坏、产量的高低、品质的优劣，与光照是否适合有直接关系。

一、光照强度

植物光合作用的强弱与光照的强弱密切相关，大多数作物在光强略低于全日光时一般生长良好，但有些植物对不同光强反应不同。原产于非洲、中美洲和南美洲的番茄、辣（甜）椒、菜豆等，在果实中尚需贮存大量的复杂物质，如蛋白质、脂肪等，所以对光照强度要求较高。原产于亚洲热带地区的黄瓜、冬瓜等对光照强度要求较低。原产于温带地区的豌豆、蚕豆等由于起源地区早春阳光斜射，所以在果蔬中它们要求的光照强度最低。根菜类和叶菜类是以营养体为成品的，其所需物质多为简单的糖和淀粉，故对光照强度要求也较低。

蔬菜植物对光照强度可分为四类；第一类是要求强光照的蔬菜，包括瓜类、茄果类、豆类、薯芋类；第二类是要求中等光照的蔬菜，包括葱蒜类以及结球甘蓝、大白菜、花椰菜、萝卜、胡萝卜等；第三类是要求较弱光照的蔬菜，包括绿叶菜类、姜等；第四类是要求弱光照的蔬菜，主要是菌类及需要特殊产品的软化栽培蔬菜。

除上述各类蔬菜对光照强度要求不同外，在单一植株整个一生的各个生长发育阶段对光照强度的要求也有所差异。如发芽期不需要光照，幼苗比成株较耐弱光照，生殖生长期比营养生长期需要较强的光照等。

遮光会改变光强，进而影响作物生长。密植造成光线不足，导致植株低位叶片进行光合作用的光能不足。利用人工光照可使作物增产。植物新增光合面积的能力大大影响光合作用和植物生产率。因此增扩新叶、延长植物生长发育的各个阶段能促进植物生产率。

二、日照时数

光照时间对植物生长发育很重要，植物与日照长度有关的习性称为光周期反应。植物在生长发育过程中都需要有一定的日照时数才能正常生长发育、开花结实。即需要有一定长短的昼夜相交替的光周期条件。

按植物对光周期的反应可分为长日照、短日照和无限日照型。在光照期等于或超过一定临界值时才开花的植物叫长日照植物。它们在光照长度短于该临界值时只进行营养生长。短日照植物是只在光照期等于或短于某一临界值时才正常开花的植物。它们在光照时间超过这一临界值时，只进行营养生长而完不成生殖生长周期。在较宽光照长度范围内均可正常开花结实的植物称为无限日照型植物。棉花和荞麦就是这类植物的典型代表。

根据不同蔬菜作物花芽分化期或抽薹开花期对日照长短的要

求，习惯把它们分为长日照、短日照和中日照3种类型蔬菜。长日照植物抽薹开花期要求每天日照时数在12 h以上，短日照植物则要求每天日照时数在12 h以下，中日照植物对日照时数要求不甚严格，长短日照都可以开花。长日照蔬菜作物有白菜、甘蓝、芥菜、萝卜、胡萝卜、芹菜、菠菜、莴笋、豌豆、蚕豆、大蒜、大葱、洋葱等，中日照蔬菜作物有番茄、茄子、辣（甜）椒、黄瓜、菜豆等，短日照蔬菜作物有芸豆、蕹菜等。

这一特性对农业生产十分重要，一些蔬菜不能开花结实常与日照长度有关。大豆的开花期和成熟期主要决定于日照长度，即光周期。因此一般品种仅限于某地种植而不能在广大地区栽培。大多数适应北方地区栽培的品种具有无限日照生长习性，在长日照下开花；而南方地区的品种为有限日照型，在短日照下开花。半有限日照型也源于北方。有些花卉，如菊花，生产也基于对生长与光周期关系的了解。在温室中控制好光周期或照明度就可使菊花在预定时间开花。

三、光照质量

光照质量是指光的组成成分，它是由光波的长短决定的。光线分为可见光和不可见光两部分。波长小于390 μm为紫外线光，波长大于760 μm为红外线光，它们是不可见光；波长在390～760 μm都是可见光，由红、橙、黄、绿、青、蓝、紫七色组成。

在可见光中绿色植物吸收最多的是红橙光和蓝紫光部分，其中作用最大的蓝紫光的光合效率仅为红光的14%。此外，红光还能加速长日照植物的生长发育，延缓短日照植物的生长发育。黄光作用仅次于红光。蓝紫光对植物发育的作用与红光相反。因此，长波光下栽培的蔬菜节间较长、茎较细，短波光下生长的蔬菜节间较短、茎较粗，但在露地栽培条件下可得到全光，所以一般均可正常生长发育。在冬季，保护地内生长的蔬菜，由于农用塑料薄膜透过短波光少，故易发生徒长，产品的营养成分也较低。

全谱日光最适于植物生长，但光质仍有影响。在实践生产中，即使知道光质对植物生长有影响，目前也不可能在大田大面积的控制光质，但在小面积和在珍贵特产作物上对其加以调节还是可行的。

第三节 温 度

温度直接影响光合作用、呼吸作用、细胞壁渗透性、水分和矿质养分的吸收、蒸腾作用、酶活性和蛋白质凝聚。例如，环境温度的变化对植物呼吸有显著影响。低温条件下呼吸作用弱，随温度增高，呼吸作用增强。大多数温带作物的光合作用的适宜温度比呼吸作用适宜温度低。这是玉米、马铃薯等淀粉作物生长在凉爽地区比在高温地区产量高的原因之一。温度影响作物蒸腾（即水分通过叶片气孔的损失）。蒸腾速率一般在低温下较慢，随温度升高而加快。蒸腾过量的植株，水分损失大于吸收而导致植株萎蔫。温度影响根系对水分的吸收，其影响因不同作物而异。但很多适应温带生长条件的作物，随根区介质温度从0℃升到60～70℃时吸水增加，超过这一温度后达到平稳状态。土温低不利于根系吸收水分，从而影响植物生长。在土温低且蒸腾过猛时，植物因组织脱水而受到损伤。土壤供水也在一定程度上受温度影响，因为高温加速水分从土表蒸发。温度还影响植物对矿质元素的吸收。许多试验表明，土温低时很多植物根系对溶质的吸收变慢。这可能是因为呼吸作用减弱或因细胞膜透性降低所致，两者都影响植物本身的吸收和在土壤中扎根的速率及扎根范围。养分有效性及其向根部的移动也受温度影响。这些影响最终反映在植物生长上。大多数农作物生长的最适宜温度范围介于15～40℃。温度低于或高于这些限度，生长速率则减缓。

现已应用植物生长与温度的关系来研究热单位概念。有多种方式表示热量：积温、最适温度日数和有效积温。所有这些术语都表示一定时间内土壤吸收的热量。现已明确了多种作物到成熟时（或在某特定生育期）需要的热单位数。利用这种技术确定作物播种和收获期，达到了前所未有的精度。

植物生长的最适温度因植物种类、品种、日照长短、株龄、生育阶段等多种因素的变化而异。

一、各类蔬菜对温度的要求

1. 耐寒性蔬菜

耐寒性蔬菜生长发育临界温度一般为5～25℃，最适宜温度为15～20℃，对低温抵抗力较强。可较长时间忍耐-2～-1℃低温，也可以短时间忍耐-5～-3℃低温。在特殊情况下，生长健壮的菜苗能忍受短时间的-10℃低温。产品器官形成的月平均气温为17～20℃，不耐高温。在40℃时，生长严重受抑，甚至枯死，这类蔬菜包括如大葱、大蒜，除结球白菜（大白菜）、花椰菜（菜花）以外的白菜类以及除苋菜、蕹菜（空心菜）以外的绿叶菜类。

2. 半耐寒性蔬菜

半耐寒性蔬菜生长发育临界温度一般为5～25℃，最适宜温度为17～20℃，对低温有一定的抵抗力，能短时间忍耐-2～-1℃低温。在产品形成期，温度超过25℃时则同化作用降低，达到30℃高温同化作用制造的营养产物等于异化作用消耗的养料，养分积累减少，生长不良，它们适宜和所适应的温度范围较小。这类蔬菜包括莴苣、蚕豆、豌豆、大白菜、马铃薯、花椰菜、萝卜、胡萝卜、芹菜、甘蓝类等。

3. 耐寒且适应性广的蔬菜

耐寒且适应性广的蔬菜，其耐寒性与半耐寒性蔬菜相似，但耐热性较强。它们的生长发育临界温度一般为5～30℃，最适宜温度为15～25℃。在冬天，地上部分枯死，以地下宿根越冬，个别地下根茎能忍受-30℃的低温。这类蔬菜包括葱蒜类和金针菜、石刁柏、茭白、草石蚕、菊芋、牛蒡、韭菜等，都是多年生蔬菜。

4. 喜温蔬菜

喜温蔬菜生长发育临界温度一般为10~35℃，最适宜温度为20~30℃。对低温抗性较弱，不耐轻霜。温度在15℃以下时不能开花结实，10~15℃受精受阻，10℃以下停止生长，5℃以下易受到寒害，遇短期0℃以下温度即冻死。温度在35℃以上时，同化作用降低，消耗过多，生长受抑制。超过40℃生长发育停止。这类蔬菜多为夏菜，包括茄果类，除冬瓜、丝瓜以外的瓜类，除豌豆、蚕豆以外的豆类，以及除马铃薯以外的薯芋类。

5. 耐热蔬菜

耐热蔬菜生长发育的临界温度为10~40℃，最适宜温度为25~30℃。不耐寒，15℃以下不能开花结实，10℃以下停止生长，5℃以下低温即受寒害，0℃以下即冻死。它们生长要求高温，耐热力强，在30℃时同化作用旺盛，有些种类在40℃高温时仍具有很强的同化作用。这类蔬菜包括冬瓜、南瓜、丝瓜、苦瓜、豇豆、刀豆、山药、芋头、苋菜、蕹菜以及一部分水生蔬菜。

二、不同生育期对温度的要求

同一种蔬菜在不同的生长发育阶段对温度也有不同的要求，其差异有时比较明显。

种子发芽期一般要求温度较高，以促进种子的呼吸以及各种酶的活动，有利于胚芽萌发。蔬菜种子最适宜的发芽温度，一般是喜温蔬菜种子25~30℃，耐寒蔬菜种子15~20℃。如温度过高，种子的呼吸作用过强，消耗过多，则出土后幼苗生长衰弱；温度过低，幼苗出土过慢，出苗率降低，长势也弱。

蔬菜幼苗对温度的适应性最强，因而将其安排在月平均温度比较适宜的温度范围内，以保证其生长。

蔬菜产品形成期时对温度要求比较严格，适应范围较窄，应安排在温度最适宜的季节里，温差要大一些，以保证产品优质高产。

蔬菜产品休眠期时要求低温，以降低呼吸作用，延长贮存时间。

生殖生长期的各类蔬菜均要求较高温度，如各类蔬菜在花芽分化时，温度应接近花芽分化的最适温度，夜温应略高于花芽分化的最低温度。

三、温度对蔬菜生长发育的影响

1. 高温危害

由于土壤导热率低于空气，所以地温比气温稳定，土层越深，温度变化越小，植物根部对温度的适应力也较弱。地温偏高时，植物根部首先受到危害，这是由于根部呼吸作用加大，促使根部衰老，从而导致整体植株早衰。气温过高时，植物地上部呼吸消耗大于同化积累，在阴天时由于温差小则情况更为严重，常常影响植株的正常生长，降低产品品质及受精能力。如蔬菜在高温条件下受精不良，引起落花，降低结果率。甘蓝、结球白菜徒长，引起包心不紧实；萝卜叶子徒长，肉质根变小，品质下降，产量降低。高温对耐寒性蔬菜影响更大，常常会出现生长衰弱、抗性降低。在高温条件下有些病害极易发生，如病毒病、日灼病等，若再加上高湿条件则易发生枯萎病、炭疽病等病害。因此，在生产上由于夏季高温多雨，从而造成蔬菜上市品种单一、数量减少，形成8—9月大淡季，影响市场供应。

2. 低温危害

蔬菜在生长发育过程中如遇到温度过低时，极易发生冻害或寒害，重则造成植株枯萎死亡，轻则造成植株停止生长，或受精不良引起落花落果，产品品质变劣。植株耐低温能力与细胞液中的浓度成正比，浓度越高抗性越强，所以，改善植株营养条件，降低植株体内水分含量，提高细胞液中的浓度，是增强植株抗寒能力的有效措施。

总之，温度过高或过低对蔬菜均有不同程度的危害。我们要通过各种栽培措施，如浇水、追肥、中耕等不断提高植株的抗寒能力和抗热能力，并可通过各种保护措施，改善小气候温度条件，防止植株受害，从而达到提高产量和改善产品品质的目的。

3. 温周期春化作用的影响

春化作用主要是低温对蔬菜发育所具有的诱导作用。许多两年生蔬菜，如白菜类、甘蓝类、芥菜类、根菜类、葱蒜类以及部分绿叶蔬菜，都要求经历一段低温时间，使其顺利通过春化，才能抽薹开花结籽。但这些蔬菜通过春化的时期不同。大白菜、芥菜、萝卜、菠菜、莴苣等从种子一开始萌动即可接受低温春化，结球甘蓝、洋葱、大蒜、芹菜等则必须在幼苗长到一定大小后，才能通过低温春化。一般白菜类、芥菜类的春化温度在 0 ~ 8℃ 范围内，萝卜以 5℃ 左右为最适，春化时间为 30 d 左右。有些春化要求不严格的品种，在低温条件下经 5 d 左右即可通过春化。对于要求幼苗达到一定大小后才能通过春化的蔬菜，通常用植株形态如茎粗、叶片数、叶面积来表示。了解春化作用对掌握蔬菜播种期，控制未熟抽薹，减少损失，以及对蔬菜良种繁育和采种中促进抽薹开花有重要意义。

第四节　水　分

水分是细胞原生质的组成成分，大多数蔬菜组织内的含水量占 70% ~ 80%，水分又是光合作用的原料之一，没有水分植物就无法进行光合作用，也就无法生存。水分也是营养物质的载体，各种营养物质只能以水溶液的形态进入植物体。因此，水分是蔬菜植物生长发育的重要条件。

多数蔬菜生长量与供水量成正比，土壤湿度过低或过高均限制生长。水为植物制造碳水化合物、维持细胞质水合作用，又是植物养分的运输工具。植株内缺水影响细胞分裂和伸长，进而影响植物生长。

根区内有效水不能满足植物蒸腾需要时会造成植物缺水。如果蒸腾过猛，即使土壤中有效水的量充足，植物也会出现缺水症状。土壤水分亏缺的变异是导致年际间作物产量波动的主要原因。

缺水影响许多植物生理过程，叶片伸长对土壤缺水比其他生理过程更为敏感。通常在土壤有效水耗尽之前叶片便不再伸长。

水分充足时植物根系发育最佳，当缺水时，特别是严重缺水影响根系发育时，植物对养分和水分的吸收将会减缓。

土壤水分对植物养分吸收也有显著影响。根区的有效水分少时，植物根系养分吸收中的扩散、质流、根系截获和接触交换3个过程均受阻。有效水由少到多一般可增加养分吸收。

施肥部位很重要，考虑根区上部易遭受持续干旱。肥料施在较深的根区土壤湿润的部位效果较好。在淋洗不严重的干旱、半干旱地区，偶尔表层重施追肥也能改善肥料养分在根区的分布。

土壤水分对植物病原体的活动也有影响。例如，在土壤水分充足条件下的重茬小麦，由土传禾顶囊壳引起的全蚀病发病很严重。另外，在干旱条件下较易发生由镰刀菌引起的颈腐病和根腐病。

一、蔬菜植物的需水规律

各种蔬菜需水特性与其根系吸收能力和地上部分蒸腾消耗多少相关。一般说根系强大的吸水多，抗旱力强，叶片面积大，组织柔嫩。蒸腾作用大的抗旱力弱，但也有叶片表面有一层蜡脂而较耐旱的种类，水分消耗少。根据不同蔬菜植物的需水规律大致可分为5类。

1. 水生蔬菜

这类蔬菜生长在水中，它们叶面积大，组织柔嫩，消耗水分多，但根系不发达，且吸水能力弱，只能在淡水中栽培生长，如芋头、莲藕、茭白、荸荠、菱菱、蕹菜等。

2. 湿润性蔬菜

这类蔬菜要求土壤湿度高，它们叶面积较大，组织柔嫩，消耗水分多，根系入土较浅，吸水能力就弱，因而要求栽培在土壤湿度高和保水力强的地块。同时，这类蔬菜也喜空气湿度高，应经常浇水以保证土壤中有足够的水分，如大白菜、结球甘蓝、黄瓜、绿叶菜类等。

3. 半湿润性蔬菜

这类蔬菜要求土壤湿度中等，它们叶面积较小，表面多有茸毛，组织粗糙，水分消耗较少，但根系较发达，故有一定的抗旱能力。在栽培中要适时适量浇水，以保证正常生长发育，如茄果类、豆类、根菜类等。

4. 半耐旱性蔬菜

这类蔬菜要求土壤湿度较低，它们叶面积小，且其叶多呈管状或带状，表面多有蜡质层，蒸腾作用缓慢，水分消耗少，可忍受较低的空气湿度。这类蔬菜根系入土浅，分布范围小，几乎没有根毛，吸水能力弱，所以要求有较高的土壤湿度。在栽培上要适时适量浇水，水量不宜过大，但要经常保持土壤湿润，才能生长发育良好，如大蒜、葱、洋葱等葱蒜类。

5. 耐旱性蔬菜

这类蔬菜对水分的适应能力较强，它们叶面积大，但表面有裂刻和茸毛，蒸腾作用小，水分消耗低，能忍受较低的空气湿度。这类蔬菜根系强大，入土深，分布广，抗旱能力强。但在栽培中也应保持一定的土壤湿润，适时适量浇水，以取得优质高产，如西葫芦、南瓜、西瓜、甜瓜、瓠瓜等。

二、不同生育期对水分的要求

1. 种子发芽期

种子发芽需要一定的土壤湿度，但各种蔬菜种子的吸水力、吸水量和吸水速度有所差异。在播种前应浇足底水，或播种后及时灌水，如土壤墒情好、湿度较高亦可直接播种。

2. 幼苗期

此时植株较小，蒸腾量也小，需水量不多，但根系也很少，且分布浅，同时土壤大部分裸露，湿度不易稳定，易受干旱影响。栽培上要特别注意苗期浇水，以保持一定的土壤湿度。

3. 营养生长盛期和养分积累期

此期是蔬菜生长需水量最多的时期，蔬菜重量的90%左右在此期间形成。但在营养器官开始形成时，注意供水不应过多，以防茎叶徒长，影响产品的产量和质量。进入生长旺盛期时，应保证供应充足的水分。

4. 开花期

此期植物对水分要求比较严格，浇水过多或过少都易引起落花落果。特别是果类蔬菜在开花始期不宜浇水过多，易引起茎叶徒长，而造成落花落果。

第五节 气 体

一、氧气

蔬菜植物进行呼吸作用所需要的氧气来自生长环境的空气。因空气含氧量较多，约占21%，而在土壤中由于空隙少空气量也少，但一般耕作条件下可满足根系呼吸所需要的氧气。但若土壤板结，浇水过多过大，或遇涝雨天气，土壤空隙较小，根系在缺氧情况下呼吸作用下降，活力降低，则影响植物体生长。因此，采用中耕松土、合理浇水、及时排涝均可调节土壤中氧气的含量，促使根系正常生长。种子在发芽时需氧较多，缺氧则影响种子发芽。

二、二氧化碳

除水外，碳是植物和其他生物中最主要的物质。空气中的二氧化碳是植物所需的主要碳源，被叶片吸收后经光合作用结合在有机分子中，植物体地上部分物质干重45%是碳素，这些都是植物进行光合作用时从空气里的二氧化碳中取得的。空气中二氧化碳含量的多少直接关系植物生长发育的好坏。1亩（1亩≈667 m^2）生长旺盛的蔬菜作物，每天可从空气中吸收近40 kg的二氧化碳。因此，在温度和光照条件适宜、营养元素供应充足时，二氧化碳在空气中含量的多少就成为植物体进行光合作用的重要制约因素。

空气中的二氧化碳浓度通常只有0.03%，不能充分满足植物需要。因此其浓度是影响植物光合作用强度的主要因子，许多经济作物在二氧化碳浓度增加时生长和生产力均增加。如在保护地栽培蔬菜，可适当进行人工补充二氧化碳，以促进光合作用，提高产量。在温室范围内提高二氧化碳浓度比露地栽培产量更高，但在密植作物中，空气流动受限，产量未必有提高。植物呼吸作用的产物与微生物降解有机残体是二氧化碳的重要来源。粪肥和作物秸秆分解时产生的二氧化碳滞留在植冠底层和其间，这是有机肥增产的重要原因之一。黄瓜、花用蔬菜、叶用蔬菜（青菜）、豌豆、菜豆、马铃薯等都随二氧化碳浓度增加而增产。增补二氧化碳可促进植物生长。

值得注意的是，过量的二氧化碳对蔬菜的生长发育也有毒害作用。土壤板结是造成土壤中二氧化碳含量过高的重要原因，它可阻碍种子萌发和幼苗生长。植物群体间与空气中的二氧化碳含量不同，这主要是植物在夜间放出二氧化碳，从而增加群体间的二氧化碳浓度，而在白天阳光充足时，植物由于光合作用吸收二氧化碳释放出氧气，植物群体间的二氧化碳浓度往往低于空气中的二氧化碳浓度。在有风的条件下，植物群体间与空气中的二氧化碳含量基本均匀一致。有时为了改善植物群体的通风状况和二氧化碳的供应情况，往往要打掉植株下部老叶以利于通风。

三、有害气体

危害植物的有害气体较多，有的是空气受到污染，有的是人工栽培造成的。有害气体主要有硫化物、氟化物、氯化物、氢氧化合物，以及各种金属气体元素等。大气污染主要来源于工厂和车辆排放的废气。对这一类有害气体只能通过环保工作加以控制，也可以选择抗逆性强的种类栽培。一般叶类菜、果类菜、菠菜、莴苣等对二氧化硫有害气体更为敏感。

由人工栽培不当造成的有害气体，如施入氮肥过量或施肥方法不当溢出的氨气，使用质量不良的农用塑料薄膜溢出的氯气和乙烯，保护地炉火管理不当产生的一氧化碳和二氧化硫，均能危害蔬菜生长，这些只能通过良好的栽培管理措施加以解决。

第六节　土　壤

土壤的质地和结构，尤其是含大量粉粒和黏粒的土壤的结构，对作物根部和地上部的生长均有显著影响。土壤结构在很大程度上决定了土壤容重。通常土壤容重越大，土壤越紧实，结构越差，孔隙越少，就越限制植物生长。高土壤容重抑制出苗。在容重为$1.4 \sim 1.7 \ g/cm^3$的土壤上，番茄植株体内花青苷逐渐积累，且植株蛋白质含量增加，糖分含量降低。土壤容重高会增加扎根机械阻力，而且影响氧气扩散进入土壤孔隙的速度，根呼吸直接与氧气不断地充分供应有关。

土壤酸度对生产者具有重要意义，而且较易改变，花费不大。土壤pH值大于7时，留在地表的铵态氯肥容易挥发损失，氮损失过多使施肥达不到预期效果。当土壤pH值为$7.5 \sim 8$或更高时，有利于水溶性磷肥转化为对作物缓效的难溶态磷。某些土传病害受pH值影响，如马铃薯疮痂病、甘薯土腐病、烟草根黑腐病在中性偏碱条件下易于发生。土壤pH值降低到5.5或更低时，这些病几乎可以完全得到防治。

一、土壤质地

1. 沙壤土

沙壤土具有土质疏松、排水良好、不易板结开裂、春季升温快的特点。但保水保肥力差，有效的营养成分少，蔬菜容易早衰老化，在肥水不足时表现更为严重。栽培管理上应多施有机肥，及时追肥，追肥应采取多次少量分追的办法，并采取措施以减少水分的流失。沙壤土适宜种植耐旱的瓜类、根菜类，以及茄果类。

2. 壤土

壤土的土质疏松适中，保水保肥力较强，土壤结构优良，春季升温稍慢，有机质和有效营养成分丰富，是最适宜栽培蔬菜的土壤。

3. 黏壤土

黏壤土的土壤黏重，春季地温上升缓慢，栽培的蔬菜成熟期较晚，保水保肥力强，含有丰富的养分，但排水不良易受涝害。雨后或浇水后易干燥开裂，植株生长发育缓慢，适于晚熟栽培或结球甘蓝等大叶型蔬菜和水生蔬菜栽培。

总之，应根据各种不同质地的土壤选择适宜种植的蔬菜种类，并采用科学的种植方法，一方面可促使蔬菜作物生长良好，另一方面能够不断改良土壤。

二、土壤溶液浓度（全盐含量）与酸碱度

土壤溶液浓度与土壤的组成有密切关系，有机质丰富的土壤吸收能力强，土壤溶液浓度能保持较低的状态，但沙质壤土情况正好相反。此外，土壤的保水力和含水量也直接影响土壤的溶液浓度。施肥时，应根据种植蔬菜的种类、蔬菜的不同生长发育阶段以及土壤质地和含水量进行合理施肥，以避免土壤溶液浓度过高，影响蔬菜正常生长。一般情况下，各种蔬菜在稍低于它们能忍受的土壤溶液浓度下生长最好，产量最高。

大多数蔬菜适宜在中性土壤或弱酸性（pH值6.0~6.8）的土壤上

种植。洋葱、韭菜、菜豆、黄瓜、花椰菜、菠菜等对土壤溶液酸性反应敏感，需求中性的土壤条件；番茄、萝卜、胡萝卜、南瓜能在弱酸性土壤中生长；芹菜、茄子、甘蓝、菠菜能较适应碱性土壤。

各种蔬菜对盐碱性土壤适应能力也不同。菠菜、甘蓝类以及除黄瓜以外的瓜类等耐盐性最强；蚕豆、大蒜、韭菜、小白菜、芹菜、芥菜、茴香等具有中等的耐盐性；黄瓜、大葱、萝卜、胡萝卜、莴苣等耐盐性较弱；菜豆耐盐性最差。栽培蔬菜，除应根据土壤酸碱性选择适宜的种类外，还可采取适当措施改良土壤。如土壤酸度过高，可适当施入石灰中和；如土壤碱性过高，可采取大水漫灌冲洗或用石膏中和等措施改良土壤。

第七节 矿质营养元素

植物一般含有65%～95%的水分和5%～35%的干物质。干物质主要由碳、氢、氧、氮和灰分元素组成，它们在植物体内依次约占干重的45%、42%、6.5%、1.5%和5.0%。在5.0%的灰分中含有几十种元素，但其中只有一部分是植物所必需的。这些植物所必需的灰分元素和植物体的主要构成元素——碳、氢、氧、氮，一起被称为植物必需营养元素。所谓植物必需营养元素，就是植物生长发育过程中不可缺少的元素。如果缺少，植物便不能完成由种子萌发经生长发育到最后结出新一代种子的生育周期。

已经确定的植物必需营养元素有16种，即碳（C）、氢（H）、氧（O）、氮（N）、磷（P）、钾（K）、钙（Ca）、镁（Mg）、硫（S）、铁（Fe）、锰（Mn）、铜（Cu）、锌（Zn）、钼（Mo）、硼（B）、氯（Cl）。依据植物体内的含量多少，将16种必需营养元素分成两类。一类含量在千分之一以上，称为大量元素，包括碳、氢、氧、氮、磷、钾、钙、镁、硫9种；一类含量在千分之一以下，称为微量元素，包括铁、锰、铜、锌、钼、硼、氯

7种。大量元素中的钙、镁、硫习惯上亦称中量元素。

尽管植物对16种必需营养元素的需要量差别甚大，但它们对植物的营养作用同等重要，相互之间不可替代。

除一般公认的16种必需营养元素外，还有一些元素并不是所有高等植物所必需，但它们对某些植物是必需的；或有利于某些植物的生长；或者能减轻其他元素之毒害作用；或能在某些专一性较低之功能，如维持渗透压上替代其他必需营养元素；或者该元素是食物链中所必需的等。这些元素被称为有益元素。如钠（Na）对一些C_4植物是一种微量营养元素，但对C_3植物则不是。高钠离子浓度对许多盐生植物和藜科植物具有明显的刺激效应。硅（Si）对一些禾本科植物，如水稻、甘蔗等是必需的，缺乏时营养生长和谷物产量都严重下降，并发生缺素症。钴（Co）是反刍动物所必需的一种矿质元素，也是豆科植物固氮所必需的。硒（Se）可以促进富硒植物的生长，同时它也是食物链中的重要元素。镍（Ni）是豆科植物中脲酶的组分。有益元素越来越受到人们的重视。

氮（N）、磷（P）、钾（K）三种元素，由于作物需要量比较多，而土壤中可提供的有效量相对比较少，常常须通过施肥才能满足作物生长的需要，因此称为"作物营养三要素"或者"肥料三要素"。

蔬菜施肥的原则是有机肥与无机肥相结合，以有机肥为主；氮、磷、钾相结合，以补钾为主；大量元素与中微量元素相结合，注重补充中微量元素；底肥与追肥相结合，以底施为主。就品种特性而言，高产杂交种或品种、品系比低产品种需要更多养分，同等肥力的土壤上种植新品种消耗养分迅速，如果不补充养分，会导致产量下降，所以一个高产新品种在瘠薄土壤上种植不能充分发挥产量潜力。尽管现在的土壤肥力不再是限制因素，但必须了解养分吸收机制和栽培品种特性，以更好的做好肥水管理。

第八节　病虫草害

蔬菜由于种类繁多，生长迅速，含水量大，抗逆性差，因而对各种病虫为害抵抗力低。如果能够通过施肥为低肥力土壤供应充足的养分，那么在选择蔬菜品种或杂交种时一般不用考虑土壤肥力，而是考虑其抗病虫害或抗不良温湿度环境条件的能力。但是，大量施肥刺激作物徒长，同时也为一些病原生物提供适宜环境。植物有效养分不平衡也会增加发病率。养分平衡尤其是磷、钾与氮配合得当，可减轻蔬菜病虫害。在高肥力条件下种植的蔬菜常常营养生长更旺盛，容易诱发病虫草害，尤其在自然条件不利或者管理不当时，更易受到病虫为害。

大多数蔬菜从发芽期开始到完成生长发育的各个时期、各个阶段均会受到不同的病虫为害。常见的为害严重的蔬菜病害有六七十种，常见为害严重的虫害有十几种，不少害虫还是传播病害的媒介。

蔬菜受到各种病虫为害时，会造成减产，对一些为害严重的病害防治不及时，还会引发大面积流行，形成大幅度减产甚至绝收。防病是获得最高肥效和最大作物产量的必要手段，种植蔬菜要坚持从农业防治入手采取综合防治措施，如合理轮作倒茬；选用抗病品种，对土壤和种子进行消毒处理；培育健壮幼苗；加强合理的肥水管理以增强植株的抵抗能力；及时整枝打药预防等，保证蔬菜正常生长发育和稳产高产优质。

与病害相连的是虫害问题。任何虫害蔓延都严重影响作物生长，如不加控制，严重的将会导致绝产。培育某些作物的抗虫品系已取得进展。同时，化学杀虫剂也已普遍应用。

杂草对高效的作物生产是另一严重威胁，因为它们与作物争水分、争养分，有时还争光照。除这些竞争外，杂草还在根区分泌出有害物质，通过生化干扰作用或植物毒素影响进而抑制作物的生长。目前对大多数经济作物使用化学除草。用化学药剂能避免因机械中耕造成的根损伤，并避免了重型机械反复耕作破坏土壤结构。出苗前施用除草剂可在与作物竞争和产生植物毒素前将杂草除去。

第三章

施肥的依据和原则

施肥的历史最早要数中国了。中国古代称肥料为粪，施肥则称为粪田，早在春秋战国时期就已经重视并强调大田施用肥料，用粪来给土壤施肥，并形成了土壤培肥的观点。在漫长的施肥实践中，人们在肥料的积制、施肥技术等方面积累了诸多极其宝贵的经验，形成了一些朴素的认识，对古代农业发展起到了重要的作用。

施肥作为农业增产措施之一已有数千年的历史。然而，施肥科学理论体系的形成，以及在这一理论体系指导下的科学实践仅有百年的历史。

影响施肥量和施肥位置的主要因素有作物特性；土壤性质；气候，尤其是供水；产量目标；相对于作物售价的肥料成本。

第一节　施肥的基本原理

一、矿质营养学说

19世纪中叶，以德国化学家李比希为代表的农业化学学派，从化学的观点来研究土壤和植物营养，在前人研究成果的基础上，结合自己的研究，否定了当时流行的腐殖质营养学说，于1840年在《化学在农业和生理学上的应用》中创立了"植物矿质营养学说"。他指出，腐殖质是在地球上有了植物以后才出现的，而不是在植物出现以前，因此植物的原始养分只能是矿物质。土壤中的矿物质是一切绿色植物的唯一养料，并指出植物生长需要氮、磷、钾等基本元素，这奠定了农业化学的基础。

根据李比希的植物矿质营养学说，创立了化肥工业，从而发展了化学农业，极大提升了农业的产量。19世纪中叶世界化肥工业开始起步。1841年英国人劳斯发明过磷酸钙，从处理天然磷酸钙而得。1854年，英国首先生产出磷肥。1861年，德国首次开采出钾盐，用于农业生产。1864年，法国人威尔建议使用人造肥料。1906年，挪威人伊德罗发明硝酸肥。1908年，德国化学家弗里茨哈伯发明了合成氨技术。1910年，巴斯夫建立了世界上第一座合成氨试验工厂。1913年进一步建成世界上第一座合成氨工业化工厂。

二、养分归还学说

李比希在提出矿质营养学说的同时，进一步提出了养分归还学说。养分归还学说的核心内容是，植物从土壤中吸收矿质养分，使土壤养分逐渐减少；为了保持土壤肥力，就必须把植物带走的矿质养分和氮素以施肥的方式归还给土壤，否则将导致土壤贫瘠。

在植物的16种必需营养元素中，碳、氢、氧源于空气和水，其余13种元素则依赖于土壤供给。人类从事植物生产，在从土地上移出植物产品的同时，也移出了植物从土壤中吸收的养分。土壤中各种养分元素的含量是有限的，如果只是移出而不予以归还，土壤中的养分势必将越来越少。长此以往必将导致地力衰减，植物产量下降。因此，为了保持地力，稳定植物产量，就必须将随植物产品移出的养分以肥料的形式归还给土壤，使土壤的养分亏损和返还之间保持平衡。如欲提高地力，增加植物产量，则需加大施肥量，使养分输入大于移出。

养分归还学说框定了土壤养分移出需要归还的大原则，但并不需要同时归还全部移出养分。原因是各种营养元素在土壤中的含量不同，植物对各种营养元素的需求量亦差别很大。因此，在生产实践中采取的养分归还策略不是全部归还，而是有重点的部分归还。

三、最小养分律

最小养分律的核心内容是，植物生长发育需要吸收各种养分，但决定产量高低的是土壤中的最小养分；在一定范围内，产量随该种养分的增减而升降；无视这种最小养分，继续增加其他任何养分，都难以提高作物产量。

最小养分是相对于植物需求含量最少的养分，而非土壤中绝对含量最少的养分。当存在最小养分时，其他养分含量再多，植物产量也不能提高。最小养分亦不是一成不变的，当由于施肥等原因，某一时期植物最感缺乏的营养元素超过植物需求时，另一种营养元素就将成为新的最小养分。依据最小养分律，在进行养分归还时，首先要归还最小养分。只有在最小养分得到满足供应的情况下，才能考虑归还其他养分——新的最小养分。

我国的农田土壤中氮素含量普遍较低，而植物对氮素的需求量却很高，植物最感缺乏，因此氮素通常为最小养分，施肥时氮肥为首选肥料。次感缺乏的养分为磷，施氮之后磷成为大部分地区之新的最小养分，欲进一步提高产量，还须施用磷肥。钾亦是一个颇感缺乏的养分，长江以南地区土壤缺钾尤为突出，已经成为植物产量增加的限制因子，在施用氮、磷的同时还要施用钾肥。由于氮、磷、钾3种养分相对于植物需求最感不足，需要大量施用，因此亦被称作"肥料三要素"。

四、限制因子律

1905年，英国学者布莱克曼把最小养分律扩大到养分以外的生态因子，如光照、温度、水分、空气和机械支撑等，提出了限制因子律。含义是：增加一个因子的供应，可以使作物生长增加；但当存在一个生长因子不足时，即使增加其他因子的供应，也不能使作物增产，直到缺乏因子得到满足，作物产量才能继续增长。

限制因子律告诉我们，养分以外的许多因素，如土壤性质、气候条件、栽培技术等都可能成为限制作物生长的主要原因，因此施肥时不但要考虑各种养分的供应情况，而且要注意与生长有关的环境因素。

五、因子综合作用律

所谓因子综合作用律，是指植物的生长发育和产量形成并非单纯由养分的丰缺决定，而是由影响植物生长发育的各种因子综合作用的结果，如水分、温度、养分、空气及耕作条件等。依据因子综合作用律，施肥措施必须与其他农业技术措施密切配合，孤立地采取施肥措施难以取得理想的结果。

六、报酬递减律

20世纪初，德国土壤学家米采利希等人，在总结前人工作的基础上，以燕麦为试验材料，研究了磷肥施用量与产量之间的关系，得到了与报酬递减律相似的规律。即在技术条件相对稳定的条件下，随着施肥量增加，作物总产量增加，但单位施肥量的增产量渐次递减。在数学家布尔的协助之下，米采利希提出了第一个肥效递减方程式，米氏方程式未能反映施肥过量时引起的总产量下降的现象。随后费佛尔提出的抛物线方程式反映了这一现象，当施肥量较低时，随着施肥量的增加，作物产量几乎呈直线上升；施肥量增加到某一程度，肥效递减明显；当施肥量达到最高产量施肥量以后，再增加施肥量时总产量下降。

概而言之，报酬递减律就是，在其他生产要素相对稳定的条件下，随着施肥量的增加，每单位肥料增加的植物产量渐次递减，直至零和负值。当肥料投入量增加到一定限度时，植物产量达到最高，不再增加，即增量为零；在此基础上进一步加大施肥量时，植物不仅不增产，反而减产，即增量为负值。

显然，在生产实践中，施肥量不应超过增量为零时的肥料投入量。如果从经济效益的角度考虑，施肥量还需略微降低一些。施肥总收益最高时的施肥量称为最佳施肥量。最佳施肥量时植物产量不是最高产量，通常为最高产量的95%左右。

七、平衡供应养分理论

为了获得较高的植物产量，单纯施用最小养分——氮素是远远不够的。原因是在氮素满足供应的情况下，磷成为新的最小养分，对植物产量影响很大。同样，在氮、磷满足供应的前提下，钾又成为许多地区对植物产量影响较大之新的最小养分。因此不仅要施用氮肥，还要施用磷肥和钾肥。事实上，不但要施用被称为"肥料三要素"的氮、磷、钾3种养分，也要考虑对植物产量亦有影响的部分中、微量必需营养元素。因同期施用多种养分之故，平衡供应养分理论和平衡施肥得以诞生。

植物是按一定的比例和数量吸收各种养分的，如依照植物对各种养分的吸收比例和数量平衡供应，则将有利于植物的生长发育和产量提高。此即为平衡供应养分理论。所谓平衡施肥，是指依据植物对各种养分的需求比例和数量，充分考虑土壤的养分供应情况后，按照一定的比例和数量供应植物所需养分，使各种养分实现平衡供应。平衡施肥不仅增产效果显著，而且节约肥料用量。

平衡供应养分理论和平衡施肥还有一种含义，即按植物需求养分在时间上的持续性和阶段性来考虑的纵向平衡。植物对养分的需求和吸收在时间上是持续的，并非瞬时即刻行为；同时亦存在阶段性，即不同生长发育阶段对养分的需求和吸收存在差异。因此，亦需依照植物需求养分在时间上的持续性和阶段性平衡供应养分与平衡施肥。纵向平衡施肥不仅有利于植物的生长发育和产量增加，而且可提高肥料的利用率。

八、拮抗作用和协同作用

植物的各种必需营养元素并非孤立存在、独立发挥作用，而是相互之间存在着复杂的交互作用。这种交互作用主要表现为拮抗作用和协同作用两种形式。所谓拮抗作用是指一种营养元素对另外一种或几种营养元素有效性的抑制作用。如钾对钙、镁具有拮抗作用，磷对镁、铁具有拮抗作用等。施肥时需要考虑养分之间存在的这种拮抗作用，对其他营养元素有效性抑制强烈的养分不宜过量施用。当然，也可利用这种拮抗作用消除土壤中某些元素的毒害作用，如我国南方酸性土壤施磷可减轻铝的毒害。所谓协同作用是指一种营养元素对另外一种或几种营养元素有效性的促进作用。施肥时可以利用这种协同作用，有意多施用某些养分，以提高相应营养元素的有效性。

九、土壤营养元素容量

必需营养元素对植物的生长发育和产量形成如此重要，那么是不是养分施用量越多越好呢？并非如此。在一定限度内，养分施用量越多，植物产量越高。但当超出一定限度，养分施用量过高时，植物产量不但不增加，反而减少，甚至不能正常生长发育。原因是土壤对营养元素的容纳能力是有限度的。在限度之内，土壤固相部分可以将施入的绝大部分养分吸附保存起来，并与土壤溶液中的养分保持动态平衡。即当植物从溶液中吸走养分，溶液中养分含量降低时，固相中保持的养分就将其自动解吸出来进入溶液中。相反，当施入肥料，溶液中养分含量升高时，固相将自动吸附保存溶液中的养分。超出限度，固相没有能力将过量施入的养分吸附保存起来，于是土壤溶液中的盐分浓度就会提高，甚至像海水一样。因盐分浓度及盐分自身的危害作用，植物将不能正常生长发育，直至枯死。

反映土壤营养元素容量的指标有阳离子交换量和盐基饱和度。阳离子交换量（CEC）是指土壤所能吸附和交换的阳离子的容量，用每千克土壤能吸附和交换一价阳离子的厘摩尔数表示。阳离子交换量大的土壤，能够吸附保持的养分多，土壤营养元素容量大，保肥力亦强。相反，阳离子交换量小的土壤，能够吸附保持的养分少，土壤营养元素容量小，保肥力也差。阳离子交换量实质上是土壤胶体所带的负电荷的数量，能够影响土壤负电荷数量的因素都将对阳离子交换量的大小发生影响。其中影响较大的因素有土壤质地和土壤有机质含量。土壤质地黏重、有机质含量较高，则所带负电荷多，阳离子交换量亦大。相反，土壤质地较轻、有机质含量低，则所带负电荷少，阳离子交换量亦小。

土壤胶体上吸附的交换性阳离子可以分为两种类型：一类为致酸离子，如氢、铝离子；另一类为盐基离子，如钾、钠、钙、镁、铵离子等。所谓盐基饱和度，是指交换性盐基离子占阳离子交换量的百分数。显然，盐基饱和度高的土壤进一步容纳营养元素的潜力小；相反，盐基饱和度低的土壤进一步容纳营养元素的潜力大。但盐基饱和度过低的土壤通常偏酸，也不利于植物生长发育。一般认为，不将铵离子计算在内的盐基饱和度以60%～80%较为适宜，既具有较大的容纳铵离子等的容量，土壤酸碱度亦较适中。

第二节　种植目的

种植目的影响肥料需求。饲用草地、绿肥草地追求生物产量，越高产越好，因此，在植物、土壤、气候、环境、经济等因素许可的限度内，应该尽量多施肥，以获得较高的产量。而果园草地、水土保持草地则以覆盖地面、保持水土为主要目标，尽管对生物量也有一定的要求，但并非越多越好，因此，在满足生物量要求的前提下，应该尽量少施肥，以节约肥料、减少修剪次数。

种子生产和营养体生产对施肥的要求亦存在差异。首先，与营养体生产相比，种子生产多一个营养临界期——幼穗分化形成期；

而且与营养体生产不同，种子生产的氮素临界期不仅对氮的缺少反应敏感，而且对氮的过量亦反应敏感。其次，种子生产对微量元素硼的需求量较高，对缺硼的反应亦较敏感。硼能促进生殖器官的正常发育。缺硼则会出现"花而不实"或"穗而不实"，从而导致种子产量严重降低。最后，种子生产不仅要施分蘖、分枝肥和拔节、抽茎肥，还要施攻穗肥和攻粒肥；而营养体生产通常则无须考虑施攻穗肥和攻粒肥。

第三节　作物特性

一、养分利用

氮、磷、钾、镁和硫在不同作物中的含量是不一样的，尽管作物吸收的养分量受多种因素影响而变化极大，但仍可表明不同作物养分的相对吸收。

影响养分吸收的因素有：①作物品种或杂交种；②有效水分；③温度；④土壤类型；⑤土壤中的养分含量及其平衡状况；⑥最终的作物种植密度；⑦耕作措施；⑧病虫害防治。

当然，作物的收获方式决定实际从大田移走的养分数量。收获整株作物所移走的养分最多。但就氮和磷来说，仅收获的籽粒中就占作物吸收氮磷总量的65%～75%，而籽粒移走的钾和镁只占作物吸收总量的很小比例。

作物的不同生育阶段养分吸收也是不一样的，一般而言，植物生长早期供钾充足重要。后两个生育阶段中，氮和磷的吸收百分数大于钾。关键是土壤中要有足够比例的养分供应，以满足整个作物生育期的需要。

二、根系特点

因环境条件不同，作物种间和种内的植株地上部生长和外形差异极大。可以预见，根系生长的速度和范围也极为不同。因为根是植物吸收养分的主要器官，了解其生长习性及其相对活力有助于完善施肥措施。

作物利用土壤养分和水分的能力视根的形态和生理特征而定。根系半径、根长、根表面积/地上部质量比以及根毛密度是根的主要形态特征。菌根的存在是常被忽视的另一重要特征。以玉米为例，根半径、地上部单位质量的根表面积和根在土壤剖面中的分布等根形态学特性对玉米吸收磷和钾极为重要。

不同植物种类具有不同的需肥特性。豆科植物能够借助与其共生的根瘤菌固定空气中的氮素，因此氮肥需要量很少。豆科植物施用磷肥、钾肥的增产效果明显。微量元素钼、硼可促进根瘤菌固氮，因此豆科植物需考虑施用钼肥、硼肥。硫是蛋白质的组成成分，对根瘤形成具有促进作用，如缺乏则应考虑施用。而非豆科植物则首先应该考虑施用氮肥，配合施用磷肥、钾肥。甜菜、薯类对钾的需求量较高，应多施用钾肥。产量高、需肥多、耐肥力强的植物，如玉米、高粱、串叶松香草、聚合草等，宜多施肥。相反，产量较低、需肥较少、耐肥力较差的植物，宜少施肥。

第四节　土壤特性及施肥位置

一、土壤特性对施肥位置的影响

确定肥料用量和施肥位置最重要的因素是种植的作物及其生育期内所需的土壤养分数量。

土壤酸碱度影响养分的有效性。在酸性土壤中，可溶性磷易与铁、铝化合形成磷酸铁、铝而降低有效性。土壤胶体上的交换性钾、钙、镁等易被氢离子置换出来，一旦遇到雨水就会流失掉。酸性土壤缺硫和钼。因此，对酸性土壤应增施石灰，中和土壤酸度，以提高养分的有效性，并可消除铝的毒害。酸性土壤宜施用氨水、碳铵、钙镁磷肥等碱性肥料和生理碱性肥料。

在碱性土壤，尤其是石灰性土壤中，可溶性磷易与钙结合生成难溶性磷钙盐类而降低有效性。在石灰性土壤中，铁、锰、锌、钼、硼的有效性大大降低，植物利用率不足。因此，在石灰性土壤上施用过磷酸钙、硫酸铵、氯化铵等酸性肥料和生理酸性肥料较好。但在盐碱土上不宜施用氯化铵肥料。

二、施肥的位置

（一）不同位置施肥方式的比较

1. 表面施肥

表面施肥一般是不提倡，因为表面施肥容易让杂草等植物吸走营养物质，而且容易随着雨水流失、导致化肥利用率降低。表面施肥多是为了满足作物苗期需肥的需要，这个时候植物根系分布浅表施比较利于吸收。

2. 全耕层施肥

很多地区采用的都是全耕层施肥技术，这种施肥方法是有一定好处的，由于耕层内的肥料分布均匀利于植物在一段时期内根系的伸展和对养分的吸收，农作物的长势比较均匀。

3. 分层施肥

分层施肥是将一部分肥料施用在耕层下面深度在10~20 cm，再将其余肥料施用于耕层1~10 cm处，然后搅拌均匀。

把握好施肥的深度不但可以提高化肥的利用率，还可以少伤害作物的根系，对于提高种植产量有着重要作用。

（二）各种位置的施肥方法

施肥方法主要有两种：撒施和条施。撒施改良方法颇多，包括表面撒施，圆盘耙耙施，耕翻施等；条施，包括施在种子下和种子旁的各种距离组合，施在犁底层，深施，层施，狭条施，以及上述各种特定方法的组合。

1. 撒施

种植前把肥料均匀施于地表，然后通过耕作将肥料与土壤混匀。在无条件翻混的地方，例如，在多年生牧草作物和免耕制中，肥料就施于表面。然而更宜将磷、钾肥在免耕一年生作物播种时以某种方式施入。

2. 侧条施

肥料以带状施于种子或植物的一侧或双侧。特殊的机具可把肥料放在种子或移栽苗旁以及种子下面的位置。必须十分细心地调好机器，并且经常检查施肥情况，以保证分肥装置不会失调。

3. 作种肥

这类施用方法有数种。肥料可以随种子在同一下种口播在小粒谷物播沟里，或者与种子混合加速幼苗生长。当施用较多高成分肥料时，推迟了出苗时间，有时也减产。肥料也可能被施在深犁沟底部，种植前土壤又填回犁沟。

4. 表施追肥或侧施追肥

该法是在作物出苗以后追肥。表施通常指撒施在小粒谷物或牧草等作物田地上。侧施指将肥料施在作物行侧，如对玉米或棉花施肥就是如此。

5. 其他条带施肥方法

除以上方法外，其他条带施肥方法包括液氨或氨水的注施、耕作时的深施、用气流播种机和气流施肥机条施以及用条播机浅施。一些免耕条播机能将肥料深施于种子行下。

很多试验结果说明了不同施肥方法对作物保苗和产量的影响。正确的施肥位置对蔬菜作物尤为重要。过量肥料的施用反而会抑制生长速度。因此施肥时要综合考虑施肥位置和施肥量。

化肥在土壤中的位置，尤其是与植物根系的相对位置，对其肥效有较大的影响，这种由于位置不同导致的肥效差异称为化肥的位置效应。

位置效应的成因主要有3条。一是植物根系在土壤中的分布具有一定的空间范围。施肥位置在根系分布范围内，尤其是密集分布区，有利于植物对养分的吸收；反之，位置过远，甚至在根系分布范围外，则不利于吸收。二是化肥盐性使其具有烧种、烧苗的毒害能力。如前所述，化肥施入土壤后一般具有增加土壤溶液的盐分浓度，引起土壤溶液渗透压提高的作用。当施肥量较大，尤其是施用高盐分指数化肥，施肥位置与种子或植物根系过近，则极可能发生烧种、烧苗现象。三是化肥施入土壤后存在经挥发、流失、固定等途径大量损失的风险。相对集中深施可以减少这种损失。原因是深施可以减少挥发和流失。相反，分散浅施则会使损失加大。

关于播种时底肥条施的化肥位置效应，以下研究结论可供参考。盐分指数低的过磷酸钙没有烧种、烧苗问题，其最佳施肥位置是种肥同位。尿素具有严重的烧种、烧苗问题，通常种肥同位为致死位置。种下3 cm、种上5 cm为半致死位置；较好位置为种侧5.5 cm，地表下5.5 cm。盐分指数最高的氯化铵较好位置通常为种侧5~10 cm，地表下6 cm。关于植物生长发育期间的追肥，一般认为较好位置是植株侧10~20 cm，地表下6 cm。无论底肥还是追肥，当施肥位置不当时，施肥量越大，土壤含水量越低，对植物的伤害越重。

第五节　肥料的运移

由于可溶性盐溶解在施肥区周围的土壤溶液中，使土壤溶液变浓。这些盐从施肥点移动的速率和距离取决于盐类性质、施肥量、土壤性质和气候条件。

因磷酸根离子在土壤中很少移动，所以磷从施肥点的移动通常很有限。

氮肥在土壤溶液中随水的移动方向呈上下迁移。在两种常见的氮肥中，硝酸根因为其不为土壤颗粒吸附移动更快，而铵态氮被土壤胶体吸附。当然，当其转化为硝酸根后，便可移动。

钾离子带正电荷，它被胶体复合体束缚，因而移动受到限制。在评价任何可能产生的盐效应时，必须考虑铵盐、钾盐以及被交换的阳离子相伴的阴离子的组成。如果相伴阴离子是硫酸根或氯离子，并且在交换复合体上钾交换了镁，仍会有可溶性盐存在。但如果交换了钙，而且所加的阴离子是硫酸根，那么形成盐的溶解度就小得多。

随着土壤变干，土壤溶液浓度增加，土壤水通过毛细管移动而上升，盐分也随水移动。有些情况下它们可能刚好沉积在施肥带上，可能出现白色沉淀或有机质分散造成浅棕色沉淀。种植后马上降雨随后长期干旱，有助于盐溶解以及盐分向上移动。雨水较多时，可溶性盐类又向下移动。可以预见，持水量相对较小的土壤比持水量较大的黏重土壤中土壤溶液的浓度更大。

鉴于肥料可以移动，靠近种子的肥料浓度太高通常有害。与根或发芽种子接触的可溶性盐浓度过高会造成质壁分离、水分有效性下降或产生实际的毒害。对此人们经常使用"肥料烧伤"一词。植物会迅速地失水和变干，如同将其置于烘箱中一样。

某些含氮化合物对发芽种子的损害已不能用渗透效应解释。有证据表明，游离氨有毒且能自由通过细胞壁，而铵离子则不能。尿素、磷酸二铵、碳酸铵和氢氧化铵比磷酸一铵、硫酸铵和硝酸铵一类物质造成的伤害大。肥料施于种子的侧下方是避免造成伤害的有效办法。

肥料施入土壤后，并非原地不动、原封不变，而是要参与到土壤养分循环中去，发生诸多变化和迁移。

氮素可以通过反硝化作用和氨挥发两个机制形成气体氮，从而逸出土壤，进入大气。在微碱性和厌氧条件下，反硝化作用强烈。在石灰性土壤上表面施用铵态氮和尿素等化肥时，氨挥发可达施肥氮量的30%以上。土壤黏粒和腐殖质能吸附氨离子、阻止氨的挥发，阳离子交换量低的沙质土上氨挥发损失明显比黏质土大。

淋洗和地表径流也是肥料养分损失的一个途径。硝态氮带负电荷，是易被淋洗的氮形态。钾和各种微量元素都存在淋洗损失问题。渗漏水越多，淋洗损失越大。

氮、磷、钾和多数微量元素都存在土壤固定作用。其中磷肥的土壤固定作用最为强烈，通常可达80%左右，而且过量施磷还可使土壤中的铁、锰、锌、镁等因与磷结合形成难溶性磷酸盐而被固定。

养分在土壤中具有一定的移动性，可借助土壤水分发生一定程度的位移。其中磷的移动性很小，通常只有1～3 cm；钙的移动性亦较小。

一、磷

因为磷的移动性很小，所以一般把它施在根生长区。作物播种后表施，养分不能到达根系活动区，施肥当年对中耕作物所起的作用甚微。随后的耕作使其分布散开，对后茬作物有利。

磷肥表施一般无效，但对牧草作物却是例外。追施磷肥维持肥力是一种有效的施用方法。一部分磷为植物深层根所吸收，也有一部分被浅层根吸收。另外，该方法比施后耕翻入土减少了肥料与土壤的接触面积，因而固定的机会也少。注施法可以克服对生长中的草地作物施磷的困难。当然，也可以地表条施。

肥料是在株行中集中施，还是撒施，必须考虑磷固定和离植株远近。土壤中成分对磷肥的固定作用减少了作物对磷的利用。

当把磷全部条施或撒施时，其相对效率既与土壤中原有磷状况有关，又与施肥量有关。大多数情况下，随着施磷量的增加，撒施的效果越来越好，有时甚至优于条施。当把磷部分条施和部分撒施时，在条施点均未达到最高产量，但能提高土壤全磷量。

当表土变干或很热时，表层根区的磷会失效，但由于深处土壤湿度大，因此深施可增加其有效性。这种施用方法也提高了平原地区灌溉作物的肥料效率。

1. 水溶性磷肥

易溶于水，肥效较快。如普通过磷酸钙、重过磷酸钙等。其主要成分是磷酸一钙。过磷酸钙，能溶于水，为酸性肥料，建议用在石灰性土壤以及中性土壤中。不能与碱性肥料混用，以防酸碱中和，降低肥效。

2. 枸溶性磷肥

微溶于水而溶于2%柠檬酸溶液，肥效较慢。如沉淀磷肥、钢渣磷肥、钙镁磷肥、脱氟磷肥等。其主要成分是磷酸二钙。钙镁磷肥，一种含有钙镁硅等多元素的肥料，呈碱性，适合酸性土壤。

3. 难溶性磷肥

微溶于水和2%柠檬酸溶液，须在土壤中逐渐转变为磷酸一钙或磷酸二钙后才能发生肥效。如骨粉和磷矿粉。其主要成分是磷酸三钙。施用后只能靠土壤里的酸性帮助溶解，变成能被作物、植物利用的形态。它的肥效较慢，但后效长，适合在酸性土壤中作基肥。

二、氮

铵态氮肥在土壤中移动缓慢，不易淋失。用于稻田应施入还原层，防止表层施用，以免在表面被氧化成硝态氮，易造成淋溶损失或发生反硝化损失。用于旱地（尤为碱性土壤）时，氨容易发生挥发损失，应深施盖土。

硝态氮肥不能被土壤胶体吸附，在多雨地区和稻田中容易随水流失或转变成气态氮。因此，适宜用于少雨区的旱地作物。

酰铵态氮肥溶于水之后，以分子形态存在于土壤溶液之中，然后被土壤胶体逐渐通过氢键吸附。因此，稻田施用初期容易随水流失,故要注意施肥后的田间水分管理。另外，酰铵态氮水解后转变成碳酸铵，稳定性差，易分解成氨，造成氮素挥发损失故，也应深施盖土。

三、钾

由于钾在土壤中的移动性较差，故作基肥并注意施肥深度，作追肥时切记早施及集中条施或穴施植物根系密集区，以减少钾的固定也有利于根的吸收。硫酸钾适用于各种植物，对十字花科等喜硫植物特别有利，但对水稻在还原性较强的土壤上，它不及氯化钾。

在酸性土壤上长期大量施用氯化钾，会加重作物受酸和铝的毒害，所以在酸性土壤上使用应配合石灰及有机肥料，氯化钾可作基肥、追肥。氯离子抑制种子萌发和幼苗生长故不做种肥。对忌氯作物和盐碱地也不适用，氯化钾适用于麻类，棉花等纤维作物可提高产量及品质，但对甜菜、甘蔗、马铃薯、葡萄、西瓜、茶树、烟草、柑橘等忌氯作物的品质有影响。

草木灰中的钾的主要形态是以碳酸钾存在。其次，有硫酸钾和少量氯化钾。它们都是水溶性钾，有效性很高，但易淋湿。草木灰可作基肥、追肥，特别适用于作盖种肥。

第六节　施肥时间

一、植物营养的阶段性

植物生长发育的不同阶段对营养条件，如营养元素的种类、数量和比例等，具有不同的要求，称为植物营养的阶段性。研究表明，各种植物幼苗期吸收养分的数量和强度都较低，然后随着植物生长发育速度的加快，对营养物质的吸收量逐渐增加，但到成熟阶段又趋于减少。

二、植物营养的临界期

植物在生长发育过程中常有这样一个时期，此期对某种养分要求的绝对数量虽不是太多，但对这种养分的缺少或过量反应敏感，如果供应数量不当，则生长发育将受到较大影响，即使以后补充供给或采取其他补救措施，也难以纠正或弥补。这一时期称为植物营养的临界期。

植物营养的临界期一般出现在植物生长发育的前期。对于不同养分，临界期并不完全相同。如植物磷的营养临界期为幼苗期，对于禾本科植物则为三叶期前后。因此，磷肥宜作底肥或种肥施用，并根据土壤供磷状况和植物种类确定磷肥用量，一次施足。而植物氮、钾的营养临界期为生长中前期，对于禾本科植物则为分蘖和幼穗分化形成期。因此，可以结合基肥和追肥施用氮、钾肥，追肥要做到适时、适量。

种子生产与营养体生产的临界期及其对养分的反应并不完全相同，前者较后者多一个临界期——幼穗分化形成期；前者的氮素临界期对氮的缺少或过量皆反应敏感，而后者则只对缺少反应敏感。

三、植物营养的最大效率期

在植物生长发育过程中有一个时期，肥料的营养效果最好，称为植物营养的最大效率期。此期往往是植物生长发育的旺盛时期，根系吸收养分的能力特别强，植株生长迅速，若能及时施肥，增产效果十分显著，经济效益最大。

施肥的时间取决于土壤、气候、养分和作物。就土壤因子而言，水分在不同土壤中移动速度相差很大，土壤固定植物营养元素的能力也相差很大。

考虑施肥时，气候是个重要因素。从施肥到其被植物利用这段期间的降水量会影响肥料的效率。温度也影响一些元素的有效性，例如，影响有机质中氮、磷和硫的释放，温度还影响硝化作用以及植物对磷和钾的吸收。

作物本身的特性决定是否需要分期施肥。玉米分期施氮肥能提高氮利用率。在温暖、湿润地区种植冬小麦也推荐这种方法。在降水量大的地区，如多年生牧草作物，在一年中最好分2~4次施用氮肥。在许多地区，施一次氮肥大约只维持2个月。

就一年中的施肥时间而言，许多地区在春季施用大部分肥料。夏季可以在饲料作物或小粒谷物收获后施肥。冬季气温低，土壤微生物活动能力减弱，土壤中养分转化慢，冬季追肥利于作物获得充足养分，促进作物代谢积累有机物质，为开春快速生长积累物质基础，也有利于增加作物抗寒和越冬能力。第二次追肥一般在返青期，为了满足作物快速生长对养分的大量需求。

四、大量元素施肥注意事项

（一）磷

在生产实际中施肥时间依劳动力状况和其他田间作业情况而定。

春播作物可以预先在秋季施磷肥，不会有淋失的危险。在含磷量低等至中等的土壤上，秋季撒施是最有效的方法之一。在含磷量中等至高等的土壤上，施用的时间和方法则没那么严格。然而，世界上绝大多数土壤含磷量低，故种植时条施在种子或移栽苗附近效果更好。用量小时在许多作物上可以直接作种肥。在干旱或土壤含磷量低的地区，播前深条施对玉米和小粒谷物之类的作物也有效。

（二）氮

与磷不同，在选择适宜的施用时间时必须考虑可能的氮损失。理论上，最理想的施氮时间越接近作物需氮高峰期越好。除时间和植物需要量以外，气候和土壤类型也影响施肥期。

氮的后效一般不及磷、钾等养分，这一点已普遍被人们所认识。磷、钾的移动性较小，又不像氮那样易遭生物转化而损失。

（三）钾

钾一般在播前或播种时施用。这时施用常比侧追施更有效，因为这样有时间使钾混拌于土壤中。钾是阳离子，它向下移动进入土壤的速度较慢，所以侧追施的钾当年移动到行播作物根区的可能性较小。

秋季施钾效果更好，因为钾肥肥效极少损失。花生、亚麻和油菜籽等一些直根系作物更适宜在上年施钾肥。这被认为是部分由于钾移动到较深的土层以及在整个根吸收区分布得更均匀的结果。

轮作时，撒施1~2次钾肥更有利于产量提高。一般，在播种玉米和豆科等作物时，提前施肥，秋季耕翻入土。在玉米—大豆轮作时，先收玉米后施钾肥，可有效提高大豆产量，但是在收获大豆后播种玉米前，一般不再施钾肥。

饲料作物一般秋施钾肥效果较好。而在饲草作物以第一次刈割后施钾肥为宜。

第四章
肥料种类及性质

以提供植物养分为其主要功能的物料称为肥料。植物激素类（如生长素、赤霉素、细胞分裂素、脱落酸等）及人工合成的植物生长调节剂（如萘乙酸、2，4-D、矮壮素等）不属于肥料。

微生物菌剂是指通过微生物的生命活动及其代谢产物的作用，改善作物养分供应而达到促进作物生长的目的，其本身并不含作物所必需的营养元素，但由于常和泥炭、有机肥料等有机质含量较高的物质混合在一起，习惯称为微生物肥料，俗称"生物肥料"或"菌肥"。

肥料种类繁多，根据长期习惯的分类方法与命名，可作如下分类。

按肥料来源与组分等主要性质可分为：化学肥料、有机肥料和生物肥料。

按所含营养元素成分可分为：氮肥、磷肥、钾肥、镁肥、硫肥、硼肥、锌肥等。

按营养成分种类多少可分为：单质肥料、复合肥料或复混肥料。

按肥料中养分的有效性或供应速率可分为：速效肥料、缓效肥料、长效肥料和控释肥料。

按肥料形态可分为：固体肥料、液体肥料和气体肥料。

按肥料中养分的形态或溶解性可分为：铵态氮肥、硝态氮肥、酰胺态氮肥等，或水溶性肥料、枸溶性肥料和难溶性肥料。

按积攒方式可分为：堆肥、沤肥和沼气发酵肥等。

第一节　氮　肥

常用氮素化学肥料品种很多，根据氮素的形态可分为3类。

一、尿素（酰胺态氮肥）

有酰胺基或分解过程中产生酰胺基的氮肥均称为酰胺态氮肥。如尿素。

1. 性质

尿素，含氮46%，呈白色或浅黄色的结晶体，易溶于水，水溶液呈碱性反应，吸湿性较强，因在尿素生产中加入石蜡等疏水物质，其吸湿性大大下降。尿素是一种高浓度氮肥，属中性速效肥料，也可用于生产多种复合肥料。在土壤中不残留任何有害物质，长期施用没有不良影响。

尿素在造粒过程中，温度达50℃时便有缩二脲生成，其在尿素中含量超过2%就会抑制种子发芽，危害作物生长，例如小麦幼苗受缩二脲毒害，会大量出现白苗，分蘖明显减少。

2. 施用

尿素适宜于各种土壤和作物，可作基肥和追肥，一般不直接作种肥，因为掌握不好，高浓度的尿素会影响种子发芽。如果必须作种肥施用，尿素的用量也不宜多，且要与种子分开。

尿素含氮量高，用量少，一定要施得均匀。无论作基肥或追肥，均应深施覆土，以避免养分损失，尿素的肥效比其他氮肥晚3~4 d，因此作追肥时应提早施用。用尿素追肥要比其他氮肥品种提前几天。在沙土地上漏水泥肥较严重，可分次施，每次施肥量不宜过多。

尿素是中性有机物，不含副成分，对作物灼伤很小，并且尿素分子较小，具有吸湿性，容易被叶片吸收和进入叶细胞，所以尿素特别适宜作物作根外追肥，但缩二脲含量不超过0.5%。尿素喷施每次每亩0.5～1.5 kg，每隔7～10 d喷1次，一般喷2～3次，喷施时间以清晨或傍晚较好。

二、铵态氮肥

凡是肥料中的氮素以铵（或氨）形态存在的，就是铵态氮肥。包括碳酸氢铵、氯化铵、硫酸铵、液氨等。

（一）碳酸氢铵

1. 性质

碳酸氢铵简称碳铵。含氮17%左右，是我国早期的主要氮肥品种，呈白色或浅灰色结晶，易溶于水，在水中呈碱性（pH值8.2～8.4）。碳酸氢铵的化学性质很不稳定，碳铵极易挥发，即使在常温下也易分解生成氨气、水、二氧化碳。其中氨气有特殊的氨臭味，所以在长期堆放碳酸氢铵化肥的地方会有刺激性气味。敞开放置时易分解出氨，造成氮素损失，水分会加速潮解并使碳铵结块。碳铵的水分含量越多、温度越高、空气湿度越大，分解的速度也越快。

随着我国化肥工业的发展，碳铵已被其他高浓度稳定的氮肥品种所替代。

2. 施用

由于碳铵具有较强的刺激性和腐蚀性，分解时释放出来的氨气和种子接触后，会熏坏种子，甚至烧伤种胚，影响发芽和出苗，因此一般不作种肥。碳铵最好用作基肥，也可作追肥，但都要探施。

（二）氯化铵

1. 性质

氯化铵简称氯铵，含氮量在24%～25%，味咸凉而微苦。纯品氯化铵为白色晶体，是一种生理酸性速效氮肥，不易结块。氯化铵在常温下较稳定，不易分解，但与碱性物质混合，可使氮素以氨气形式挥发。在潮湿的阴雨天气能吸潮结块。水溶液呈弱酸性，加热时酸性增强。

2. 施用

氯化铵可作基肥和追肥，但不宜作种肥，因其在土中会生成水溶性氯化物，影响种子的发芽和幼苗生长。作基肥施用后，应及时浇水，以便将肥料中的氯离子淋洗至土壤下层，减小对作物的不利影响。

特别注意的是氯化铵不能用于烟草、甘蔗、甜菜、茶树、马铃薯等忌氯作物，烟草吸收过多氯，会使烟草风味变差，烟易熄火；西瓜、葡萄等作物最好也不要长期使用氯化铵；也不能用于排水不良的盐碱地上，以防止加重土壤盐害。氯化铵最适用于水田，而不适于干旱少雨地区。

（三）硫酸铵

1. 性质

硫酸铵简称硫铵，俗称肥田粉，它是我国生产和使用最早的氮肥品种。由于尿素等氮肥品种的发展，硫铵在我国的产量很少，大多是炼焦等工业中的副产物。

硫铵含氮量20% ~ 21%，是一种含氮、硫营养成分的肥料。纯品为白色结晶，副产品往往含有一定量的杂质，有棕色、青绿色等，易溶于水，水溶液呈酸性，吸湿性小，物理性状良好，常温下存放不挥发，不分解，便于储存、施用。产品游离酸含量较高时，也会吸湿、结块，在高温多雨季节应妥善保管，以防吸湿结块。不可与碱性物质共储混运，防止铵盐被破坏而变质。

2. 施用

硫铵可作基肥、追肥和种肥，并适合于各种作物。作种肥时可施于种子下方，并用土隔开，切勿与种子接触，以免影响种子发芽。作基肥、追肥均应深施覆土，以防氨的挥发损失。同时硫铵含有硫，应优先施用于需硫的作物上。

硫铵施入水稻田时，在淹水条件下，硫酸根中的部分硫被还原为硫化氢，如浓度过高，易使水稻根部受害而发黑。如出现此现象，应及时排水通气。

（四）液氨

液氨是一种高浓度液体氮肥。它与等氮量的其他氮肥相比，具有成本低、节约能源、便于管道运输等优点。我国由于其储运、施用技术尚未普及，液氨生产和施用受到限制，但随着我国农业生产水平的提高，液氨的生产和使用具有广阔的前景。

液氨含氨83％，是目前含氨最高的氮肥品种，呈碱性反应，液氨在常压下呈气态，加压时才呈液态，因此储存和施用时需要用耐高压的容器和特制的施肥机器。

三、硝态氮肥

凡是肥料中的氮素以硝酸根离子形态存在的，叫作硝态氮肥。如硝酸铵、硝酸钙、硝酸钠等。

（一）硝酸铵

1. 性质

硝酸铵简称硝铵，含氮量34％，无色无臭的透明结晶或白色晶体，极易溶于水。有很强的吸湿性，容易结块，有时潮解成糊状，甚至化成液体，造成施用困难。因此，储存时应注意保持干燥。硝铵为化学中性、生理中性肥料。在土壤中无副成分残留。由于它易燃易爆，储运时不能与易燃物资放在一起，并要做好防火工作，已结块的硝铵不能用铁器猛击，以免发生爆炸。

2. 施用

硝铵适宜在旱作地区施用，宜作追肥，每亩用量10～15 kg，应分期施用，特别在多雨地区，以免淋失。施用时，同样也要深施覆土。硝铵不宜用于水田，如果必须施用也要注意时期和方法。

硝铵不提倡作种肥，因其吸湿性很强，会影响种子萌芽和幼苗生长；不能与碱性肥料混合施用，不宜与有机肥料混合堆腐。

（二）硝酸钙

1. 性质

硝酸钙，含氮13%～15%，外观为白色、灰色或黄色细小晶体，易溶于水，水溶液酸性，吸湿性强，易结块，储运时应防潮。硝酸钙为生理碱性肥料。

2. 施用

硝酸钙适宜在缺钙的旱地土壤、酸性土壤和盐渍土壤上施用，不宜在多雨地区和稻田施用。它含有丰富的钙离子，施用能改善土壤的物理性质。

（三）硝酸钠

1. 性质

硝酸钠是一种白色、浅灰色成黄棕色结晶，含氮15%～16%，易溶于水，其水溶液呈中性，易吸湿结块，储运时应注意防潮、防水。对皮肤、黏膜有刺激性。大量口服中毒时，剧烈腹痛、呕吐、血便、休克、全身抽搐、昏迷，甚至死亡。

2. 施用

硝酸钠宜施于酸性土壤和喜钠作物，如糖用甜菜等，不适宜于盐碱土、石灰性土壤、稻田、多雨地区和茶树、马铃薯等作物上。硝酸钠可作基肥、追肥，要深施覆土，防止浅施造成的表层钠离子积累对作物生长造成影响。

第二节　磷　肥

根据溶解度的大小和作物吸收的难易，通常划分为水溶性磷肥、枸溶性磷肥和难溶性磷肥三大类。凡能溶于水（指其中含磷成分）的磷肥，称为水溶性磷肥，如过磷酸钙、重过磷酸钙等；凡能溶于2%柠檬酸或中性柠檬酸铵或微碱性柠檬酸铵的磷肥，称为枸溶性磷肥，如钙镁磷肥、钢渣磷肥、偏磷酸钙等；既不溶于水，也不溶于弱酸而只能溶于强酸的磷肥，称为难溶性磷肥，如磷矿粉、骨粉等。

一、水溶性磷肥

1. 过磷酸钙

（1）性质。主要成分为磷酸二氢钙和石膏，又称过磷酸石灰。过磷酸钙又称普通过磷酸钙，简称普钙，是我国目前主要的磷肥产品之一，是由磷矿粉用硫酸处理制成的。

过磷酸钙主要成分为磷酸一钙和难溶于水的硫酸钙。含五氧化二磷12%～20%，硫酸钙约50%，此外，还含有2%～4%的硫酸铁、硫酸铝等杂质，以及少量游离酸。

过磷酸钙是水溶性磷肥，一般为灰白色或浅灰色粉末，呈酸性反应，有腐蚀性。在储运过程中，遇潮湿会吸湿结块并腐蚀包装容器，吸湿后还会引起一系列的化学变化，使水溶性磷肥重新变为非水溶性而降低肥效。这种变化一般称为退化作用，所以储运时要注意防潮。

（2）施用。过磷酸钙可作基肥、追肥和种肥，对农作物的增产增收有明显的效果，适用于各种土壤。无论施于何种土壤，均会发生磷的固定作用，因此合理施用过磷酸钙的原则是尽可能减少与土壤的接触面积，避免土壤的固定，增加与作物根系的接触，以利吸收。

在石灰性土壤中要配合硫酸铵等酸性或生理理性肥料施用，利用硫酸根的作用使肥料中的钙离子浓度降低，以提高磷的有效性。

过磷酸钙与有机肥料混合后施用，可以减少磷肥与土壤的接触面积，降低水溶性磷的化学固定作用；同时有机肥分解产生的有机酸，能络合土壤中的钙离子、铁离子、铝离子等，从而减少这些离子对磷的化学固定。

2. 重过磷酸钙

（1）性质。重过磷酸钙由硫酸处理磷矿粉制得磷酸，再以磷酸和磷矿粉反应而制得。重过磷酸钙简称重钙，是一种有效成分含量磷肥，含有效磷为40%～50%，因其含磷量是普通过磷酸钙的双倍或三倍，故又称双料或三料过磷酸钙。有时简称为三料钙。其主要成分是磷酸一钙，不含石膏，含有4%～8%的游离酸，呈酸性，具有较强的吸湿性和腐蚀性，易结块，多制成颗粒状。由于不含铁、锰、铝等杂质，吸湿后没有磷退化现象。

（2）施用。重过磷酸钙的有效施用方法与过磷酸钙相同，可作基肥或追肥。因其有效磷含量比普通过磷酸钙高，其施用量根据需要可以按照五氧化二磷含量，参照普通过磷酸钙适量减少。属微酸性速效磷肥，是目前广泛使用的有效成分含量最高的单一水溶性磷肥，肥效高，适应性强，具有改良碱性土壤作用。主要供给作物磷元素和钙元素等，促进植物发芽、根系生长、植株发育、分枝、结实及成熟。可用作基肥、种肥、根外追肥、叶面喷洒及生产复混肥的原料。既可以单独施用也可与其他养分混合使用，若和氮肥混合使用，具有一定的固氮作用。但作种肥时更应注意它的酸性对种子的危害，同时施用量应相对减少。由于它不含硫酸钙，对硫营养有良好反应的作物，如马铃薯、豆类及十字花科作物，其效果不及等磷量的过磷酸钙。

二、枸溶性磷肥

1. 钙镁磷肥

（1）性质。钙镁磷肥是将磷矿石和添加剂（含钙、镁的矿石如橄榄石、蛇纹石、白云石等）在高温下熔融，用水喷淋急冷，而制成的玻璃状碎粒，再经球磨成细粉状而制成。有效五氧化二磷含量一般12%～20%，并含有对作物有效的钙、镁、硅等元素。所含磷能溶于2%柠檬酸溶液，是一种生理碱性的、玻璃质枸溶性肥料。特别适用于酸性土壤，可作基肥。

（2）施用。钙镁磷肥的特征之一是不溶于水而溶于弱酸。由于在酸性土壤中，酸可以促进钙镁磷肥中磷酸盐的溶解，同时土壤对其中磷的固定低于过磷酸钙，因此钙镁磷肥应优先使用在酸性土壤上。钙镁磷肥在石灰性土壤上施用，效果不稳定。

在小麦、玉米等作物上施用的当季效果为过磷酸钙的70%～80%，而油菜、豆科作物和豆科绿肥等对钙镁磷肥具有较强的利用能力，其肥效与过磷酸钙相当。

钙镁磷肥可以作基肥、种肥和追肥，但以基肥深施效果最好。基肥、追肥应集中施用，每亩用30～50 kg，追肥以早施为好。作种肥可施于种沟或穴内，每亩用5～10 kg。

2. 钢渣磷肥

钢渣磷肥主要成分为磷酸钙，含五氧化二磷7%～17%，深棕色粉末，强碱性，还含铁、锰、镁、钙等物质。适用于酸性土壤，宜作基肥施用，对水稻、豆科作物等需硅喜钙作物肥效较好，易影响嫌钙作物马铃薯的品质。

3. 偏磷酸钙

主要成分为磷酸钙，含五氧化二磷为60%～70%，呈玻璃状，微黄色晶体，结晶体偏磷酸钙基本上无肥效；玻璃体偏磷酸钙是一种良好的枸溶性磷肥。施入土壤中经水解可转变为正磷酸盐。施用方法与钙镁磷肥相同，但由于含磷量高，肥料施用量可减少。

三、难溶性磷肥

1. 磷矿粉

（1）性质。磷矿粉由磷矿石经过机械粉碎磨细而成，既是各种磷肥的原料，也可直接作磷肥施用。

磷矿粉大多呈灰褐色，主要成分为磷灰石，全磷含量一般为10%～25%，弱酸溶性磷1%～5%，极难溶于水。磷矿粉作为磷肥施用的可能性和相对有效性与其物理和化学性质相关，在缺磷的酸性土壤上，施用后有明显的增产效果。

（2）施用。磷矿粉是难溶性磷肥，肥效缓慢，只能作基肥施用。磷矿粉施用方法与过磷酸钙不同。磷矿粉应撒施，以增加磷矿粉与土壤的接触面，提高肥效。磷矿粉应与酸性肥料或生理酸性肥料配合施用，提高磷矿粉中磷的有效性。由于磷矿粉具有较长的后效，连续几年施用后，可以停一段时间后再用。

2. 骨粉

（1）性质。骨粉由动物骨骼加工制成，其主要成分是磷酸三钙，不溶于水，溶于弱酸，肥效缓慢。

（2）施用。骨粉肥富含磷元素，是一种迟效性肥料，最好与其他有机肥混合后沤制，一股多作基肥使用。可与有机肥堆积发酵后施用。一般在生长期长的作物和酸性土壤上施用效果较好。施用时间在夏季较好。骨粉后效长，当年肥效仅相当于过磷酸钙的60%～70%。

第三节　钾　肥

常用的钾肥品种有氯化钾、硫酸钾和硫酸钾镁肥，均为水溶性钾。工农业副产品如窑灰钾肥、草木灰、秸秆也含有较多钾素。

一、氯化钾

氯化钾是我国农用钾肥中最主要的品种，其来源主要靠进口。随着我国土壤缺钾面积的不断扩大，氯化钾用量将会不断增加。

1. 性质

氯化钾因矿源不同，一般纯度为含氯化钾90%～95%，含氧化钾60%～63%，此外，肥料中还含有少量的钠、镁、钙、溴和硫酸根等。氯化钾一般呈白色或浅黄色结晶，有时含有少量铁盐而呈红色。

氯化钾物理性状良好，吸湿性小，溶于水，呈化学中性反应，也属于生理酸性肥料。氯化钾有粉状和粒状两种。粉状肥料可以直接施用，也可同其他养分肥料配制成复合肥。粒状肥料主要用于散装掺和肥料，又称为BB肥。

2. 施用

氯化钾适宜作基肥或早期追肥，少数对氯敏感的作物一般不宜施用，氯化钾也不宜作种肥和根外追肥。

氯化钾会增加土壤氯离子浓度，在干旱或排水不良的地区会加重土壤的盐碱性，对作物生长不利，不适于在盐碱地上长期施用。

氯化钾适用于水稻、麦类、玉米，特别适用于麻类作物，因为氯对提高纤维含量、质量有良好的作用。但对马铃薯、甘薯、甜菜、甘蔗、柑橘、茶树等经济作物不宜过量使用，对烟草则不宜施用。

二、硫酸钾

1. 性质

硫酸钾理论含氧化钾54%，一般为50%，含硫约8%，硫也是作物必需的营养元素。硫酸钾是无色结晶体，吸湿性小，不易结块，物理性状良好，施用方便，是很好的水溶性钾肥。硫酸钾也是化学中性、生理酸性肥料。硫酸钾是高有效成分含量的速效钾肥，不含氯离子，相比而言价格较高，重点用在烟草、蔬菜等对氯敏感的经济作物上。

2. 施用

由于硫酸钾价格比氯化钾贵，货源少，应重点用在对氯敏感及喜硫喜钾的经济作物上，如烟草、果树、葡萄、甘蔗、甜菜、西瓜、薯类等。增施硫酸钾不但能提高产量，还能改善品质，经济效益更好。

三、硫酸钾镁肥

1. 性质

硫酸钾镁肥由高品位无水钾镁矾矿生产。一般呈白色或浅灰色结晶，易溶于水，易吸湿潮解，在包装及长途运输中应特别注意。

2. 施用

硫酸钾镁肥基本不含氯化物，适合在各种作物上作基肥或追肥，也可单独施用或与其他肥料混合施用。每亩用量为20～30 kg，作基肥或追肥时可撒施、沟施。

四、草木灰

1. 性质

草木灰在农村广泛存在，使用历史悠久，效果显著。

草木灰是柴草燃烧后形成的灰肥，是一种质地疏松的热性速效肥。除含速效钾外，还含有磷、钙、铁、镁、硫等有效养分。可促进植株生长健壮，增强抗病虫与自然灾害的能力，此外还具有提高植物抗旱能力的作用。

2. 施用

草木灰是碱性肥料，不能用作垫圈材料，也不能与铵态氮肥混合施用，以免造成氮的损失。草木灰可作基肥、追肥和盖种肥。作追肥时，可撒施叶面，既能提供养分，又能减少病虫害发生；作盖种肥是在作物播种后，撒盖在上面，特别是水稻或蔬菜育秧时，不仅可以提供一定量的养分，还可提高土壤温度，促进种子的发芽和幼苗生长。

第四节　中微量元素肥料

一、常用含钙肥料的种类和性质

常用的含钙肥料有生石灰、熟石灰、石灰岩，一些肥料也含有钙素，可以兼作钙肥施用，如石灰氮、钙镁磷肥和过磷酸钙等。生石灰又称烧石灰，是由磨碎的石灰岩或其他含有大量碳酸钙的物质经高温煅烧而成。生石灰为白色固体，块状，呈强碱性，吸湿性强，遇水产生高热，并转化成粉末状的熟石灰。除了作为钙肥施用以外，还可用于改良土壤和进行土壤消毒。熟石灰又称消石灰，由生石灰吸湿或加水处理而成，呈强碱性，较易溶解，施用时不产生热，可直接施用。

二、常用镁肥的种类和性质

常用含镁肥料有硫酸镁、氯化镁、碳酸镁、硝酸镁，这些含镁肥料溶解度大，肥效快，可以与氮磷钾肥料配合施用，也可以作基肥和追肥。基肥每亩用量10～15 kg，根外叶面追肥喷施时，可用2%的硫酸镁水溶液喷施。

三、常用硫肥的种类和性质

常用的含硫化肥有硫酸铵、硫酸钾和过磷酸钙等。有机肥料也包含一定量的硫，经常施用有机肥可以补充土壤硫的不足，在轻度缺硫的保护地土壤上，每年施用5 000～8 000 kg有机肥就基本能满足蔬菜对硫的需求。

四、常用铁肥的种类和性质

铁肥品种有硫酸亚铁、硫酸铁、硫酸亚铁铵。其中硫酸亚铁是最常用的铁肥。硫酸亚铁可以作基肥，每亩用量为5 kg左右，在施用时，把5 kg的硫酸亚铁与200～300 kg的有机肥混匀后施用。易溶性硫酸亚铁或有机络合态铁肥均可作叶面肥，喷施浓度为0.2%～0.3%。

五、常用硼肥的种类和性质

常用的硼肥有硼砂、硼酸、硼泥、硼镁肥等。硼肥可作基肥、种肥、追肥和叶面喷肥。作基肥每亩用硼砂0.3～0.7 kg，硼酸0.25～0.5 kg，硼泥15 kg。用硼砂叶面喷施的浓度为0.1%～0.3%，硼酸为0.05%～0.1%。每亩用30～100 kg水溶液，一般喷施2～3次。

六、常用锰肥的种类和性质

锰肥品种有硫酸锰、氯化锰、碳酸锰、氧化锰。其中，硫酸锰是目前最常用的锰肥。用硫酸锰作基肥，每亩用1～2 kg，与酸性肥料或有机肥混合后施用。拌种时，每千克种子用硫酸锰5 g左右，拌种前先用少量的水将硫酸锰溶解，然后均匀地喷洒在种子上，拌匀后晾干播种。浸种用0.05%～0.1%的硫酸锰水溶液浸种12～24 h，溶液与种子的比例为1∶1。叶面喷施用0.2%的硫酸锰水溶液。

七、常用铜肥的种类和性质

铜肥品种有硫酸铜、碳酸铜、氧化铜。其中硫酸铜是常用铜肥。硫酸铜可以作基肥、种肥和追肥。用硫酸铜作基肥时，一般每亩施用1～2 kg，每隔2～3年施用1次。叶面喷肥只能用硫酸铜水溶液，浓度为0.02%～0.05%，每亩用50～100 kg。

八、常用锌肥的种类和性质

常用的易溶性锌肥有硫酸锌、氯化锌，另外还有一些难溶性锌肥，如氧化锌和碳酸锌。水溶性锌肥可作基肥、追肥、根外施肥和种肥，非水溶性锌肥只作基肥。作基肥每亩用0.75～1.0 kg，与有机肥混合以后施用。根外追肥用硫酸锌水溶液，喷施浓度为0.2%～0.3%，每隔1周喷施1次，连续喷2～3次。

九、常用钼肥的种类和性质

常用钼肥有钼酸钠、钼酸铵、三氧化钼等。因钼肥用量少，一般都用作种肥和叶面追肥，浸种用0.05%～0.1%的钼酸铵水溶液，浸12 h，种子与溶液的比例为1∶1。根外喷施浓度为0.02%～0.05%，间隔一周连续喷施2次。

第五节 复合肥料

在一种化学肥料中，同时含有氮、磷、钾等主要营养元素中的两种或两种以上成分的肥料，称为复合肥料。含两种主要营养元素的叫二元复合肥料，含3种主要营养元素的叫三元复合肥料，含3种以上营养元素的叫多元复合肥料。

一、复合肥料的优点

有效成分高，养分种类多；副成分少，对土壤不良影响小；生产成本低；物理性状好。

二、复合肥料的缺点

养分比例固定，很难满足于各种土壤和各种作物的不同需要，常要用单质肥料补充调节。难以满足施肥技术的要求，各种养分在土壤中的运动规律及对施肥技术的要求各不相同，如氮肥移动性大，磷、钾肥移动性小，而后效却是磷、钾肥长。在施用上，氮肥通常作追肥，磷钾肥通常作基肥和种肥，而复合肥料是把各种养分施在同一位置、同一时期，这样，就很难符合作物某一时期对养分的要求。

因此，必须摸清各地土壤情况和各种作物的生长特点、需肥规律，施用适宜的复合肥料。

三、复合肥料的合理施用

根据作物种类和营养特点不同，确定选用复混肥料中养分形态及配比，对充分发挥肥效，保证作物高产优质具有重要作用。一般粮食作物对养分需求为氮>磷>钾，所以选用高氮低磷钾型复合肥；而经济作物多以追求品质为主，对养分需求钾>氮>磷，宜选用高钾中氮低磷的复合肥料；而油菜则需磷较多，一般可选用低氮高磷低钾的三元复合肥料。

此外，在轮作中，上、下茬作物适宜施用的复合肥品种也应有所不同。如南方稻轮作中，同样在缺磷的土壤上，施用磷肥的肥效往往是早稻好于晚稻，而钾肥的肥效则在晚稻好于早稻。在小麦—玉米轮作制中，玉米生长处于高温多雨季节，土壤释放的磷素相对较多，而且又可利用小麦茬中施用磷肥后效，因此可选用低磷复合肥；反之，小麦则需选用含磷较高的复合肥。

由于颗粒状复合肥比粉状单质肥料溶解缓慢，所以复合肥原则上作基肥好，深施盖土，施肥深度应在各种作物根系密集层。如作种肥，必须将种子与肥料用土隔开，否则会影响出苗而导致减产。切忌将复合肥撒施在土壤表面，以免作物难以吸收，养分损失大，增产效果差。

第六节　有机肥料

有机肥料是指含有大量有机物质的肥料。它主要是农村中就地取材、就地积制、就地施用的肥料，故又称农家肥。有机肥料在我国肥料结构中占有极为重要的地位。

有机肥料按来源、特性和积制方法，可以分为4类。

一、粪尿肥

粪尿肥包括人粪尿、畜粪尿、禽粪、厩肥等。

二、堆沤肥

堆沤肥包括秸秆还田、堆肥、沤肥和沼气肥。

三、绿肥

绿肥包括栽培绿肥和野生绿肥。多以种植饲料绿肥为主，直接翻耕的绿肥近几年发展较为迅速。

四、杂肥

杂肥包括泥炭及腐殖酸类肥料、油粕类肥料、城市垃圾、污水污泥等。

有机肥料还含有能被作物吸收利用的有机养分以及有益于土壤的有机物质等。如一些分子组成相对简单的各种氨基酸、酰胺、核酸、可溶性糖、酚类化合物和有机酸等，均可被作物吸收，不仅可以促进作物产量的提高，更重要的是能改善作物品质，风味独特品质佳。

合理利用有机肥料可以消除因畜、禽业集中饲养带来的排泄物对土壤、水源、空气的污染，消除或减弱农药和重金属对作物的毒害。

第五章

施肥量的计算和确定

现代农业可以利用化肥来补充已知的植物营养不足。提供高水平的养分可以帮助植物耐受不良环境，维持最佳土壤肥力状况，改善作物品质。正确的施肥方案提供了维持最大净利润所需的植物养分的数量。这实质上是利用肥料来保证土壤肥力不作为作物生产的限制因子。

第一节 三类六法

一、地力分区（级）配方法

地力分区（级）配方法是将土壤按肥力高低分成若干等级，或划出一个肥力基本均等的田片，作为一个配方区，应用土壤普查资料和肥料田间试验结果，结合群众的实践经验，估算出这一配方区内比较适宜的肥料种类及施用量。

需要强调指出，土壤肥力绝非单纯指土壤中营养元素含量的高低，而是一个综合概念。它由结构因子、调节因子和营养因子三部分组成。其中结构因子包括土壤pH值、质地、容重、孔隙度、阳离子交换量、盐基饱和度等；调节因子包括土壤有机质、土壤微生物区系的组成、数量和活力等；营养因子是指土壤中的氮磷钾以及各种中量和微量元素等。

通常以空白田，即不施任何肥料的地块的产量来表示地力的高低，但不同土壤肥力的空白田产量需要通过多点试验才能取得，故一般以常年产量水平作为分级标准比较方便。地力分级确定后，参考过去肥料试验资料和当地群众的生产经验进行定肥定量。

该法的优点是：具有针对性，肥料的定量接近当地的经验，方法简便，容易为群众所接受，推广阻力小，容易大面积普及。缺点是：方法比较粗放，带有半定量性质，易依赖平时经验；同时有地区性局限，容易按日常习惯执行。所以这一方法属于初级配方法，改进办法是逐步扩大测试，加强试验和理论指导。

二、养分平衡法

（一）养分平衡法的概念和公式

养分平衡法是用目标产量养分吸收量减去土壤养分供应量，差额部分通过施肥补足，使植物目标产量吸收的养分数量与土壤和肥料供应的养分量之间达到平衡。其计算公式为：

$$W = (U - Ns) / (C \times R)$$

式中，W 为肥料需要量（kg/hm^2）；U 为目标产量养分吸收量（kg/hm^2）；Ns 为土壤养分供应量（kg/hm^2）；C 为肥料养分含量（%）；R 为肥料当季利用率（%）。

（二）目标产量养分吸收量

目标产量养分吸收量（U）的计算公式为：

$$U = 目标产量 \times 植物单位产量养分吸收量$$

显然，欲计算目标产量养分吸收量，需要确定目标产量和掌握植物单位产量养分吸收量。

1. 目标产量

目标产量的确定是目标产量法配方施肥的关键。目标产量是指配方施肥地块预期可达到的产量。它既应符合当地土壤、气候、栽培管理水平等条件，又应有一定的先进性。就一个地区的自然条件和生产水平而言，一定时期内若无生产措施方面的重大变革，单位面积的产量水平基本上是稳定的，因此可以对目标产量做出有科学依据而非盲目的估测。确定目标产量的常用方法是，以当地前3年在正常气候和耕作条件下的平均产量作基数，再增加5%~15%。亦可利用土壤生产潜力与土壤肥力的相关性进行估测。具体方法为，在不同土壤肥力的地块，进行多点试验，获得大量成对的最经济产量（即目标产量）和空白田产量，然后建立回归方程。回归方程建立起来后，只要知道地块的空白产量，就可以根据公式求出目标产量。

2. 植物单位产量养分吸收量

植物单位产量养分吸收量可通过实验室化学分析测出植株养分含量，再乘以计算基础求得。其计算基础除1 kg外，亦常采用100 kg。如以100 kg作为计算基础，目标产量的单位亦须相应调整为100 kg。

（三）土壤养分供应量

土壤养分供应量（Ns）的计算公式为：

$$Ns=土壤质量×土壤速效养分测定值×校正系数$$

式中土壤质量可通过下述公式求得：

$$土壤质量=土地面积×供应养分土层厚度×土壤容重$$

土地面积的单位为m²；计算基础为1 hm²或1/15 hm²。供应养分土层厚度的单位为m；取值范围为0.10~0.40 m，通常取0.20 m。土壤容重的单位为g/cm³，计算时须转换为kg/m³，等于1 000 kg/m³；取值范围为1.10~1.60 g/cm³，通常取1.12 g/cm³。如按通常取值，则1 hm²的土壤质量为2 240 000 kg，1/15 hm²的土壤质量为149 333 kg。在生产实践中，一般即采用此值。

土壤速效养分测定值的单位为mg/kg，计算时须转换为kg/kg，等于1 kg/1 000 000 kg。

用化学方法测得的土壤速效养分并不等于植物吸收的土壤养分量，因此土壤速效养分测定值需要校正系数进行校正。校正系数的计算公式为：

校正系数=（空白田产量×植物单位产量养分吸收量）÷
（土壤质量×土壤速效养分测定值）

式中空白田产量需通过田间试验获得；其他参数前已述及。

校正系数是一个变量，它随着土壤速效养分测试值的变化而改变。土壤速效养分测试值高时，校正系数较小，速效养分测试值低时，校正系数较大，有时甚至会超过100%。

（四）肥料养分含量

肥料养分含量可通过分子式计算出来，或查常用肥料养分含量表获得。非纯品肥料，若知肥料纯度，用纯品养分含量乘以肥料纯度，即得实际肥料养分含量。亦可通过实验室分析测定获得肥料养分含量。在生产实践中，肥料的包装上通常都标注肥料养分含量。

（五）肥料当季利用率

肥料当季利用率需要通过田间试验获得，其计算公式为：

某元素肥料当季利用率=（施肥区该元素植物吸收量-空白区该元
素植物吸收量）÷施入肥料中该元素总量×100%

不同养分的肥料当季利用率不同，通常磷肥的当季利用率最低，一般为10%～25%；氮、钾肥料利用率相当，一般为40%～65%。同一肥料在不同植物上表现的当季利用率亦各不相同，通常喜肥、耐肥植物的利用率较高。肥料的当季利用率因化肥品种而有较大差异，而且亦受植物、土壤、气候、栽培技术等的影响。

三、地力差减法

在没有条件进行土壤测试的地方，可以用田间试验之空白小区的植物产量（即空白产量）来代表地力产量。目标产量减去地力产量后的差额乘以单位产量的养分吸收量，就是需要用肥料来满足供应的养分数量。其计算公式为：

肥料需要量=（目标产量-空白产量）×单位产量养分吸收量÷
（肥料养分含量×肥料当季利用率）

该法的优点是：不需要进行土壤测试，用空白产量来代表土壤供应养分的能力，比较省事。缺点是：空白产量需要通过田间试验预先获得；空白产量能代表的面积难以确定；空白产量是构成产量诸因素的综合反映，无法分析出各种养分的具体丰缺状况，因而肥料配方针对性不强。

四、肥料效应函数法

通过田间肥料试验来获取肥料用量信息，是推荐施肥最基本的方法，其他各种方法都要以其作为参照标准。但田间肥料试验费用较高，费工费时。试验点数要求较多，否则不能反映当地农田的各种土壤肥力水平状况。然而在实际上又不可能在每一块农田布置肥料试验。因此，一般都把田间肥料试验与土壤测试结合起来，在同等肥力水平的农田，推荐田间肥料试验结果所得肥料用量。

用田间肥料试验来确定某一地点的施肥量已有相当长的历史。早期的田间肥料试验仅是一个肥料用量与不施肥对照的比较，以后逐渐发展为几个用量的比较，从中选出一个最高产量的肥料用量作为该地点的推荐施肥量。20世纪初，米采利希提出了施肥与植物产量之间的数学关系式，开辟了肥料试验的数学处理途径。

在田间小区试验中，肥料不同用量所得植物产量的差异称为肥料效应。用数学方法把植物产量与肥料用量之间的关系表达出来，即为肥料效应函数方程。

所谓肥料效应函数法，就是设计一元肥料的施肥量或二元、多元肥料的施肥量及其配比方案进行田间试验，利用试验结果的产量数据与相应的施肥量建立肥料效应函数方程（亦称肥料效应回归方程），然后依据此方程计算出各种肥料的最高施肥量、最佳施肥量和最大利润率施肥量，二元、多元肥料试验还可计算出肥料间的最佳配比组合。

例如，用一种肥料，如氮肥，进行一元（亦称单因素）肥效试验，其肥料效应可用一元二次方程来拟合：

$$y=a+bx+cx^2$$

式中，y为植物产量，x为肥料用量，a为空白产量，b、c为回归系数。

再如，用两种肥料，如氮、磷两种肥料，进行二元（亦称双因素）肥效试验，其肥料效应可用二元二次方程来拟合：

$$y=a+bx+cx^2+dz+ez^2+fxz$$

式中，y为植物产量，x为第一种肥料用量，如氮肥，z为第二种肥料用量，如磷肥，xz为两种肥料的交互效应，a为空白产量，b、c、d、e、f为回归系数。

3种或3种以上肥料进行的肥效试验称为多元（或多因素）肥效试验，用多元的二次方程来拟合。

单因素和双因素肥效试验可以用一般常规的肥料试验设计进行，多因素肥效试验要用各种专门设计的正交试验方法，如回归正交、旋转正交来进行。

五、养分丰缺指标法

利用土壤速效养分含量与植物产量之间的相关性，针对具体植物种类，在各种不同速效养分含量的土壤上进行田间试验；依据植物产量将土壤速效养分含量划分为若干丰缺等级，并确定各丰缺等级的适宜施肥量；建立丰缺等级与适宜施肥量检索表；然后只要取得土壤速效养分含量测定值，就可对照检索表确定适宜施肥量。此即为养分丰缺指标法。

养分丰缺指标的具体确定方法包括4个步骤。第一步，先针对具体植物种类，在各种不同速效养分含量的土壤上进行，施用氮、磷、钾肥料的全肥区和不施氮、磷、钾肥中某一种养分的缺素区的植物产量对比试验。第二步，分别计算各对比试验中缺素区植物产量占全肥区植物产量的百分数（此值亦被称为缺素区相对产量）。第三步，利用缺素区相对产量建立养分丰缺分组标准，通常采用的分组标准为，相对产量小于55%为极低，55%～75%为低，75%～95%为中，95%～100%为低，大于100%为极高。第四步，将各试验点的基础土样速效养分含量测定值依据上述标准分组，并据之确定速效养分含量丰缺指标。

需要强调指出的是，不同植物种类、不同土壤类型的养分丰缺指标不同，不可随意套用；土壤速效氮的测定值通常不够稳定，而且与植物产量之间的相关性较差，因此氮肥施用量确定一般不用此法。

在土壤测试技术发展的早期，土壤速效养分含量水平按临界值分成缺和不缺两级，前者要施肥，后者不需施肥。后来，养分丰缺指标划分为低、中、高三级，施肥量也相应分成高、中、低三种。

六、氮、磷、钾比例法

所谓氮、磷、钾比例法，就是通过确定一种养分的适宜用量，按田间试验确定的氮、磷、钾肥的最适用量比例，或植物所需吸收各种养分之间的比例，进而确定其他养分的用量，如以氮定磷、以氮定钾，或以磷定氮、以磷定钾等。

第二节　微量元素的施用

一、施用途径

为作物提供微量元素一般有两种办法。

第一种办法是在已知严重缺乏一种或几种微量元素的地区，或者在微量元素需要量特别大的作物上，为了满足某些需要而施用特定的元素。可以把微量元素加进复混肥料里。在其他情况下，微量元素可以单独施用，如撒施锌或铜。

第二种办法是把少量的微量元素混合物加到肥料中去普遍施用。其目标是保证这种混合物的用量不伤害较敏感的作物又照顾到一些土壤条件下许多作物对微量元素的需要。理由有以下4个方面：①不可能确定每块地的需要量；②看不出缺素症时也可能有潜在的饥饿；③最好事先采取措施满足需要而不是等待观望，以避免造成损失；④低成本保险。如果作物严重缺乏某一微量元素，这个办法不适用。

二、需要量的确定

总的来说，植株分析一般比土壤测试更可靠。诊断植物养分问题时，应考虑以下6个步骤。

必须认清缺素症状；

必须观察土壤类型或地点；

必须查找作物反应概率表；

必须做完整的土壤测试，pH值尤为重要；

必须分叶片；

必须考虑产量目标。

三、施用

大部分的作物生长虽然离不开微量元素，但是对微量元素需求量非常低。微量元素的种类有很多，作物对许多微量元素的需求从缺少到满足的范围很小。所以在施用微量元素时，一定要注意控制好用量。一定要全面均匀的施入，防止施用过多，导致浓度过大，反而影响作物的生长。

在种植时，不同性质、不同类型的土壤都会含有不同的微量元素，施入微量元素时其效果也会因此产生差异。例如在大部分北方地区，土壤中的锌、锰、硼等微量元素的含量较低，有效性也不足。而在南方的土壤中，容易出现缺少钼元素。所以在施微量元素时，一定要根据土壤的微量元素情况控制好微量元素的品种，以缺什么施什么为原则。

在种植时，只有满足了作物对氮磷钾等大量元素的需求，微量元素肥的效果才能够有效。有机肥的微量元素比较多，也是补充土壤微量元素的一个重要措施。适当施入有机肥，可以提高土壤的质量，从而提高土壤的微量元素含量。有机肥与微量元素肥的结合施用，是保证满足作物营养需求的关键。

第三节   蔬菜缺素症形态诊断及防治方法

一、氮素

（一）营养诊断

蔬菜缺氮时植株矮小，生长缓慢，叶色变淡，首先从老叶开始失绿，变成浅绿色或黄色，最后发展到多数叶片变黄。缺氮使产品器官发育延迟，产品品质降低。

（二）防治方法

及时追施速效氮肥，一般每亩用尿素15～20 kg，将其溶解在灌溉水中施入土中，也可叶面喷施0.2%～0.5%尿素溶液。

二、磷素

（一）营养诊断

蔬菜缺磷的典型症状表现在叶部，叶色暗绿，多数蔬菜叶背面蓝紫色，茎秆细，须根的发育受阻滞，延迟结果和果实成熟。

（二）防治方法

每亩追施过磷酸钙20～30 kg，或用0.2%～0.3%磷酸二氢钾溶液进行叶面喷施。

三、钾素

（一）营养诊断

蔬菜缺钾植株生长细弱，易倒伏，易染病，生长缓慢。老叶尖缘发黄变格，渐次枯萎，常在叶面上出现一些褐色或白色斑点（块），但在叶片中部近叶脉处仍为绿色。严重缺钾时幼叶也出现类似症状。

（二）防治方法

出现缺钾症状时，每亩追施硫酸钾15～20 kg。亦可叶面喷施0.2%～0.3%磷酸二氢钾溶液，喷施2～3次。

四、钙素

（一）营养诊断

蔬菜缺钙在幼叶上表现卷曲变黄甚至枯死，营养生长缓慢，植株矮小，茎木质化，根系不发达，根尖和茎的分生组织受伤，易感病。

（二）防治方法

用0.1%～0.3%氯化钙或硝酸钙溶液叶面喷雾，每3～5 d喷1次，连喷2～3次。

五、镁素

（一）营养诊断

蔬菜缺镁叶色变黄，首先在老叶上显现，叶脉间组织更明显，严重时会产生坏死斑，但叶脉相近组织仍为绿色，镁影响果实成熟速度和成熟度、果实大小和品质，也影响根系发育。

（二）防治方法

每亩追施硫酸镁10～15 kg，也可用0.2%～0.5%硫酸镁溶液进行叶面喷施，喷施1～2次即可。

六、硫素

（一）营养诊断

缺硫时作物生长受到严重阻碍，叶褪绿或黄化，茎细弱，一般首先在幼叶表现出症状。

（二）防治方法

施用含硫的肥料，如硫铵、过磷酸钙、硫酸钾、硫酸钾型复合肥等。

七、硼素

（一）营养诊断

缺硼植株生育异常，矮化，叶片小且皱缩，根系不发达，生长点坏死，顶芽枯萎，枝条簇生，生殖器官受到损害，花芽发育异常，不能正常开花结果。

（二）防治方法

根外追施0.2％～0.3％多元素硼肥，或0.1％～0.2％硼砂或硼酸溶液。

八、铁素

（一）营养诊断

缺铁的典型症状为植株上部新生幼叶变黄，有时幼叶叶脉间先失绿，然后叶肉、叶脉全部失绿，有时整个叶呈黄白色。缺铁容易在新叶上表现出来。

（二）防治方法

每亩叶面喷施0.1％～0.2％硫酸亚铁溶液75 kg，间隔7～10 d 1次，共喷2～3次。

九、锰素

（一）营养诊断

缺锰症状多从新生叶开始，双子叶植物新叶叶肉变黄，叶脉仍然为绿色，单子叶植物叶片出现灰斑或褐绿斑，逐渐沿中脉和侧脉连成条状，严重时失绿部分变灰色或坏死。

（二）防治方法

每亩追施硫酸锰1～1.5 kg；也可用0.2％硫酸锰溶液50～75 kg作叶面喷施，喷施1～2次即可。

十、锌素

（一）营养诊断

作物缺锌时有的叶片上产生斑点或出现坏死斑块，甚至组织成片坏死；有的作物表现失绿，叶片变小，节间变短；多数作物缺锌时顶端有顶枯现象，根系发育不良。

（二）防治方法

每亩追施硫酸锌$1.5 \sim 2$ kg，或用$0.1\% \sim 0.3\%$硫酸锌溶液喷洒叶面。

十一、铜素

（一）营养诊断

蔬菜作物缺铜时，叶色易变淡，叶片失去韧性变白，尖端枯萎，植株生长矮化，顶端分生组织坏死。

（二）防治方法

用0.3%硫酸铜溶液叶面喷雾。

十二、钼素

（一）营养诊断

缺钼时作物生长不良，植株矮小，叶脉间缺绿或叶片扭曲，新叶变小，呈不规则状。

（二）防治方法

用$0.05\% \sim 0.1\%$钼酸铵溶液叶面喷雾。

第六章

肥料与水的有效利用

第一节　水对养分吸收的影响

一、水分与养分的关系

　　土壤为植物生长提供了充足的营养，而就肥料养分而言，肥料养分的溶解和养分在土壤中的迁移、扩散，均离不开水的参与，在干旱情况下，肥料养分难以通过迁移和扩散的方式到达作物根区，进而被根系吸收。同时，水分对于根系的生长也具有很重要的影响。干旱情况下，土壤中水分的胁迫会制约作物根系生长，使根系长度、密度、根活性、表面积降低，这也会降低根系对土壤中养分离子的吸收强度。

二、水在三种养分吸收机制中的关键因素

　　1. 截留

　　因为在湿润土壤比在水分含量低的土壤中生长的根系范围更广，所以能截获更多的养分离子。这对钙和镁尤其重要。

　　2. 质流

　　供蒸腾的土壤水质流能向根系运送大部分的硝酸盐、硫酸盐、钙和镁。

3. 扩散

通过前两种方式，根系一般不能得到足够的磷和钾。扩散作为第三种方式就显得很重要。植物吸收根附近的养分，造成浓度梯度。然后养分从高浓度区缓慢地向低浓度区扩散。因该过程通过水膜发生，故扩散速率部分地取决于土壤含水量。水膜越厚或土壤养分浓度越高，营养元素扩散越快。

第二节　液体肥料的施用

一、液体基肥

在蔬菜作物根系周围施用营养液，已被广泛地用在番茄和甜椒的移栽苗上，其作用主要来自磷，这些基肥溶液通常含磷量高。但是，烟草不适宜施用液体基肥。

施用液体基肥时，植物从移栽造成的损伤中恢复得更快，产量也得到提高，在有些情况下作物可提早成熟。原因可能是移栽苗根系不发达，因而吸收水分和养分的能力也较弱，播种时施用植物养分稀溶液，可能使植物更容易吸收所需要的养分。但是，为避免出现质壁分离，基肥溶液的盐浓度不能太高。

二、灌溉施肥

肥料随同灌溉水进入田间的过程叫灌溉施肥。即滴灌、地下滴灌等在灌水的同时，按照作物生长各个阶段对养分的需要和气候条件等准确将肥料补加和均匀施在根系附近，被根系直接吸收利用。

（一）优点

灌溉施肥可以提高肥料的利用率，节省肥料的用量；节省施肥劳力；灵活、方便、准确掌握施肥时间和数量；养分吸收速度快；改善土壤的环境状况；特别适合微量元素的应用；发挥水、肥的最大效益；有利于保护环境。

（二）类型

灌溉施肥可分为地面灌溉、加压灌溉和肥料注入技术3种。

1. 地面灌溉

地面灌溉可分为漫灌、沟灌、波涌灌3种。漫灌是传统的将肥料撒在土壤表面然后水放到地里，水淹没整个地面，这种方法由于费水、费肥，主要用于小麦田和水稻田。沟灌是应用最多的灌溉施肥方法，在作物与作物行间开辟灌水沟，从灌水沟内流动灌溉周边土地，根茎吸收水分完成灌溉作业，主要用于玉米、棉花等宽行距作物。波涌灌的原理是将灌涌水分为若干脉冲：第一个脉冲供应大量的水并尽可能快地湿润灌溉床或沟渠两旁的土壤，而没有产生侵蚀；第一个脉冲部分隔离了土壤上层以使下一个脉冲的流量较小且时间较长，这样水分便可渗透到土壤的更深层。现代波涌灌设计常采用自动脉冲阀将水以振荡脉冲送到预计的不同田间部位。漫灌和沟灌系统都可应用波涌灌。波涌灌和土地平整可提高地面灌溉的效率达到加压灌溉水平。

2. 加压灌溉

加压喷灌可在多种地形条件下应用，如不能用地面灌溉的不平坦土地、陡峭土地等。出水器和喷嘴的多样化有利于调节供水量和水分的渗透速率。在蔬菜大棚里通过加压形成喷灌、微喷灌、滴灌指的是应用细孔径滴灌器的灌溉技术，微灌的流量小于200 L/h。微喷灌类型有可移动时针式和线性移动支管，喷灌和滴管技术可根据作物需水量和根系分布进行最精确的供水和肥料。

3. 肥料注入技术

肥料注入技术可分为地面灌溉中的冲施肥技术、文丘里施肥器灌溉技术和树木注射技术3种。冲施肥是常用的蔬菜灌溉施肥的一种方法，是将一定量的固体肥料或肥料溶液倒入水渠里，或是将肥料加入到肥料罐（池）中进行的施肥灌溉。该系统较简单、便宜，不需要用外部能源就可以达到较高的稀释倍数。缺点是无法精确控制灌溉水中的肥料注入速率和养分浓度，每次灌溉之前都得重新将肥料装入施肥罐内，节流阀增加了压力的损失使得该系统不能用于自动化操作。

文丘里施肥器是通过水流经狭窄流道产生的吸力吸取肥料的。水流经狭窄部分时流速大，形成负压，将肥料溶液从敞口肥料罐通过狭缝下的管道吸取上来。它的优点是不需要外部能源，花费少，吸肥量范围大，操作简单，磨损率低，安装简易，方便移动，适于自动化，养分浓度均匀且抗腐蚀性强。缺点是压力损失大，吸肥量受压力波动的影响。

树木注射技术是在树木栽培过程中将营养液装在容器中采用针头注射的形式，既施用营养又注入水分，这种方法适合于高档的果树栽培，施肥和灌溉均匀、稳定、可以通过关闭滴水系统控制施肥量和灌水量。缺点是需要大量的注射器和容器，需要根据果树的生长更换肥料的溶液和控制溶液的使用量。

（三）肥料品种

常用作灌溉施肥的氮肥品种有硝酸铵、尿素、氯化铵、硫酸铵以及各种含氮溶液；钾肥品种主要为氯化钾、硫酸钾、硝酸钾；磷肥品种有磷酸和磷酸二氢钾以及高纯度的磷酸二铵，各种微量元素肥料、氨基酸、腐殖酸等。

第三节　蔬菜灌溉施肥新技术

目前大部分蔬菜产区农民习惯的主要方式是采用大水畦灌、随水冲肥，特别是在黄瓜等果菜类蔬菜的生产中几乎是采用一水一肥的冲肥方法。这种方法不仅会造成水肥资源浪费，还会导致土壤板结、氮素养分向深层土壤淋失等不良后果。

灌溉施肥是将施肥与灌溉结合起来的一种新的农业技术。灌溉可以与施肥结合，可溶性的农药、除草剂、土壤消毒剂都可以借助灌溉系统实施。随着人们对蔬菜品质要求的提高，绿色、有机蔬菜生产将是我国蔬菜产业发展的必然方向。水肥一体化技术（即灌溉施肥）将是今后蔬菜水肥综合管理的重要方面。

灌溉施肥是指肥料随同灌溉水进入棵间的过程，是施肥技术和灌溉技术相结合的一项新技术，是精确施肥与精确灌溉相结合的产物。灌溉施肥需要一定的设备，不同灌溉方式系统组成有所区别，能与施肥结合的灌溉系统有滴灌、微灌、涌泉灌和渗灌4种，常用的是滴灌施肥。采用灌溉施肥技术，可以很方便地调节灌溉水中营养物质的数量和浓度，使其与植物的需要和气候条件相适应，定量供给作物水分和养分，维持土壤适宜水分和养分浓度。因此，具有节水、节肥、省工的效果。

按照控制养分方式的不同，灌溉施肥可分为两大类：按比例供肥和定量供肥。按比例供肥的特点是以恒定的养分比例向灌溉水中供肥，也就是灌溉施肥过程中肥料养分的浓度恒定，保持不变，因此，供肥速率与滴灌速率成正比例。施肥量一般用灌溉水的养分浓度表示。按比例供肥系统价格昂贵，但可以实现精确施肥，主要用于轻质和沙质等保肥能力差的土壤，定量供肥又称为总量控制，其特点是整个施肥过程中养分浓度是变化的，通常随着灌溉施肥时间的延长，肥料养分浓度越来越低，最后趋于零。施肥量一般用 kg/hm^2 表示。定量供肥系统投入较小、操作简单，但不能实现精确施肥，适用于保肥能力较强的土壤。在灌溉施肥系统控制面积较大时，定量供肥可造成施肥不均匀。

一、灌溉施肥技术的优点

1. 水分和肥料利用率高

滴灌以很高的灌水和施肥均匀度，按作物的需水需肥规律将水肥供应到作物根系范围的土壤中。灌溉水完全通过管网输送，不存在送水过程中的水资源损失。在滴灌条件下，灌溉水只湿润部分土壤表面，可有效减少土壤水分的无效蒸发。设计良好的滴灌系统或地下滴灌系统，不产生水分的地表径流、深层入渗量极少、地表蒸发大幅度下降，非常省水，从而提高了水分的利用率。灌溉水的利用率可达95%。滴灌施肥在保护地蔬菜栽培条件下，灌水量减少30%~40%。

灌溉施肥，水肥被直接输送到根区土壤，可提高养分的有效性，充分保证养分的有效供给和根系的快速吸收。同时由于水分养分的定量供给，减少了养分向根区以下土层的淋失，因此，化肥利用率提高，节省化肥。滴灌施肥与沟灌冲肥相比，节省化肥35%~50%。

2. 有利于改善土壤理化性质

滴灌水缓慢均匀进入土壤中，对表层土壤结构破坏很少，基本保持表层土壤疏松状态，使得土壤孔隙率比沟灌高，通气性能好。微灌灌水均匀度可达80%~90%，不破坏土壤结构，克服了畦灌冲肥造成的土壤板结。滴灌灌水定额小，灌水后对地温和气温的影响必然也小，滴灌与畦灌相比地温高2~3℃。地温高，有利于增强土壤微生物活性，促进土壤养分转化和作物对养分的吸收。滴灌土壤通气性能好，易于通过空气流动吸收空气中的热量，从而使耕作层土壤保持较高的温度，促进蔬菜根系生长发育。所以，滴灌施肥作物初次采收时间比畦灌冲肥可提前10 d左右。

3. 保护地灌溉施肥可降低环境湿度

滴灌系统采用管道输水，只湿润作物根际周围土壤，能明显减少土壤表面水分蒸发，降低空气湿度，从而抑制喜湿性病害（霜霉病、角斑病、真核病等）的发生，使保护地作物病虫害的发生率大大降低，减少打药次数，降低蔬菜的农药残留，保证无公害蔬菜生产。保护地滴灌施肥比畦灌冲肥空气相对湿度降低10%左右，有利于改善棚内微环境。

4. 省时省力

灌溉施肥可大幅度节省时间和运输、劳动力及燃料等费用，特别对蔬菜和大棚内栽植的作物尤为明显。灌溉施肥水肥同步管理，可节省大量劳力。同时由于滴灌仅湿润作物根部附近土壤，其他区域土壤水分含量较低，因此，可防止杂草生长，减少中耕除草。

5. 有利于提高蔬菜的产量和品质

营养物质的数量和浓度，与植物的需要和气候条件相适应；由于滴灌能够及时适量供水、供肥，所以同时可以提高农作物产量和品质，经济效益高。滴灌施肥与习惯方法相比，蔬菜产量一般提高15% ~ 30%，并且产品质量好。

二、灌溉施肥对肥料的要求

由于灌溉施肥要求养分随着水分进入土壤，因此，对肥料有一定的要求。一般用于灌溉施肥的肥料应满足以下条件：溶液中养分浓度高，田间温度下完全溶于水，溶解迅速，流动性好，不会阻塞过滤器和滴头，能与其他肥料混合，与灌溉水的相互作用小，不会引起灌溉水酸度的剧烈变化，对控制中心和灌溉系统的腐蚀性小。但这些条件并不是绝对的，实际上只要在实践中切实可行的肥料都可使用。

常用作灌溉施肥的氮肥有硝酸铵、硝酸钾、尿素、氯化铵、硫酸铵以及各种含氮溶液；钾肥主要是氯化钾；磷肥有磷酸和磷酸二氢钾以及高纯度的磷酸一铵，还有各种灌溉施肥专用复合肥。用于灌溉施肥的微量元素肥料，也应是水溶性或整合态的化合物。此外，在配制营养液或灌溉用肥时，还须考虑不同肥料混合后产物的溶解度大小，如果产物的溶解度太小，则容易产生沉淀，阻塞管路。如硝酸钙肥料，可与任何硫酸盐形成硫酸钙沉淀。

三、蔬菜需肥特点

1. 蔬菜需肥量大

多数蔬菜由于生育期较短，复种茬数多，如大白菜、萝卜、冬瓜、番茄、黄瓜等产量常高达75 t/hm²以上，蔬菜从土壤中吸收的养分相当多，所以蔬菜的单位面积施肥量要比粮食作物多。同时，蔬菜为保持其收获期各器官都有较高的养分水平，需要较高的施肥水平，以满足其在较短时间内吸收较多的养分。

2. 蔬菜对养分的特殊需求

（1）蔬菜喜硝态氮。多数农作物能同时利用铵态氮和硝态氮，但蔬菜对硝态氮特别偏爱，铵态氮过量时则抑制钾和钙的吸收，使蔬菜作物生长受害，产生严重的生理障碍。一般硝态氮与铵态氮的比值为7∶3较为适宜。有资料证明，当铵态氮（如碳铵或氯化铵）施用量超过50%时，洋葱产量显著下降，菠菜对铵态氮更敏感，在100%硝态氮条件下产量最高，多数蔬菜对不同态氮反应与洋葱、菠菜反应相似。因此，在蔬菜栽培中应注意控制铵态氮的适当比例，一般不宜超过氮肥总施肥量的1/4～1/3。

（2）蔬菜嗜钙。一般喜硝态氮（如硝酸钠或硝酸钙）作物吸钙量都高，有的蔬菜作物体内含钙可高达干重的2%～5%。蔬菜作物根系吸收能力较强，吸收二价钙比较多，比小麦高5倍多。出于蔬菜根部盐基代换量高，所以蔬菜作物钙和镁营养水平也高，蔬菜作物吸收钙量平均比小麦高5倍多，其中萝卜吸钙量比小麦多10倍，圆白菜高达25倍以上。盐基代换量高的作物，吸收二价的钙、镁离子多。因此，蔬菜上应施钙肥与镁肥。蔬菜常发生缺钙的生理病害，如白菜、甘蓝的心腐病（干烧心病），黄瓜、甜椒叶上的斑点病，番茄的脐腐病。

（3）蔬菜含硼量高。蔬菜作物比禾本科作物吸硼量多，为几倍到几十倍。由于蔬菜作物体内不溶性硼含量高，硼在蔬菜体内再利用率低，易引起缺硼症。

另外，茄果类、瓜类、根菜类、结球叶菜等吸收的矿质元素中，钾素营养占第一位。

3.控制蔬菜根层水肥供应的必要性

蔬菜作物单位面积生物量大且复种指数高，对水肥的需要量相应也大。大多数蔬菜属于浅根系作物，如胡萝卜主要根系集中在50 cm深处的土层范围内，菠菜根系集中在30 cm深处的土层范围内，这就造成蔬菜对水肥的依赖程度高，需要经常灌溉和施肥。在作物—土壤—环境整个系统中，根层水分养分的浓度是体系水分养分输入与输出达到平衡后的最终结果，调控作物—土壤体系中的根层水肥的供应，是蔬菜作物高产与减少氮损失的关键。适宜的根层水肥供应需要恰好满足作物高产、优质的水分养分需求，同时不会带来环境污染的压力，这是作物生产水肥供应的最佳状态。通常情况下，根层水分和养分的供应主要通过施肥前根层土壤残留的水分和养分，以及灌溉（降雨）或施肥来提供；还需要考虑土壤有机质矿化、作物残茬矿化或有机肥矿化提供的养分，在某些情况下还应该考虑灌溉水或沉降带入的养分对根层养分的补充，特别是氮素。我国的蔬菜生产，水肥的施用在整个生长过程中都处于高量供应状态，必须合理控制。在施肥过程中，首先要考虑灌溉水或肥料以外其他来源的水分和养分供应，再以灌溉施肥为调控手段，把根层水肥供应控制在适宜范围。

第四节　蔬菜水肥一体化技术

一、灌溉施肥系统的基本组成

近年来结合灌溉的施肥方式应用十分广泛，水肥一体化技术是将灌溉与施肥融为一体的农业新技术。水肥一体化是借助压力灌溉系统，将可溶性固体肥料或液体肥料配兑而成肥液与灌溉水一起，均匀、准确地输送到作物根部土壤。采用灌溉施肥技术,可按照作物生长需求,进行全生育期需求设计,把水分和养分定量、定时、按比例直接提供给作物。灌溉施肥这种水肥一体化技术关键有3点:一是确定推荐施肥方案,包括使用肥料种类、配比施用时期、数量;二是配制肥料;三是选配施肥设备及操作。

二、蔬菜水肥一体化微灌溉施肥技术

目前常用形式是微灌与施肥的结合,且以滴灌、微喷与施肥的结合居多。该项技术适宜于有井、水库、蓄水池等固定水源,且水质好、符合微灌要求,并已建设或有条件建设微灌设施的区域推广应用。

三、蔬菜水肥一体化膜下滴灌施肥技术

蔬菜水肥一体化膜下滴灌施肥技术是在地膜覆盖栽培的基础上,将施肥与灌溉相结合的一项农业新技术。该方法可以精确控制灌水量、施肥量和灌溉及施肥时间,显著提高水肥的利用率。

第七章

叶面施肥

第一节　叶面施肥的概念

　　植物虽然主要是通过根系吸收养分，但也能通过根外器官（茎和叶）吸收养分并在植物体内代谢，称为根外营养。当土壤固定养分时，叶面施肥便是最有效的施肥方法。有研究强调在北极地区叶面施肥的重要性，那里的永冻层阻碍植物残体释放养分、根系生长和养分吸收。这种方法在温带早播作物上或许有用，它可以和常规喷施农药措施结合起来，这样可相应地节省劳力。

　　一般认为叶片吸收养分是通过叶片的角质层的分子间隙和气孔进入，最后通过质膜而进入细胞内，也有研究认为从表皮细胞延伸到角质层的外质连丝是叶片吸收养分的通道。一些可溶的肥料养分可以直接施在植物地上部分。养分必须先渗过叶片表皮或气孔后进入细胞，这使养分更迅速地被利用，比其施入土壤能以更短的时间消除观察到的缺素症状。然而，这种作用一般是暂时的。

　　在生产上把肥料配制成一定浓度的溶液喷洒在植物的叶、茎等根外器官上称根外追肥。根外营养器官主要是茎和叶，而且最主要是叶片，所以根外营养的实质是叶部营养，根外追肥的实质是叶面施肥。叶面施肥作为根部营养的辅助手段和防治某些养分缺素症的重要技术措施，已被广大农民普遍接受，在农业生产中被广泛应用。

一、叶面施肥的概念

叶面施肥又称根外追肥，是将肥料制成一定浓度的溶液，喷在叶面上，由叶片吸收养分的施肥方法。叶面追肥的依据是植物叶片可以通过气孔吸收矿物质。植物的角质层有裂缝，呈微细的孔道，可让溶液通过。溶液经过角质层气孔通道到达表皮细胞外侧壁，经过壁中通道外接连丝到达表皮细胞的质膜，再被转化到细胞的内部，最后达到叶脉韧皮部，其吸收原理与根系吸收离子相同。

适时适量进行叶面施肥能提高蔬菜的产量和品质。在蔬菜的生长过程中，叶面同根系一样具有吸收养分的能力，尤其是在生长后期出现根系老化、土壤板结等不良条件下，根系吸收养分的能力减弱，进行根外追肥能有效弥补根系吸收养分的不足。

二、叶面施肥的方法

一般肥料可直接溶解后喷雾，而磷肥必须用清水溶解后放置过夜，用上清液（或滤液）稀释后喷雾。喷雾时间一般在早晨和傍晚进行，晴天早晨有露水时喷施效果更佳。一般每隔7~10 d喷1次，连续喷3~4次。叶面施肥只可作为一种补充施肥措施，大部分养分还应靠根系吸收，所以它不能取代常规的根系追肥。

三、叶面施肥的优点

叶面施肥是蔬菜施肥中一种常用的方法，具有许多独特的优点。

一是叶面追肥可使作物通过叶部直接得到有效养分，而采用根部施肥时，有些养分常因被土壤固定而降低植株对它们的吸收率。

二是叶部养分吸收转化比根部快。以尿素为例，根部施肥要4~5 d才能见效，叶面施肥当天就可见效。

三是叶面施肥可以促进根部对养分的吸收，提高根部施肥效果。

四是叶面喷施某些营养元素后，能调节酶的活性，促进叶绿素的形成，增强光合作用，有利于改善品质，提高产量。

总之，叶面施肥是一种成本低、见效快、方法简便、易于推广的施肥方法。但作物吸收营养主要靠根部，叶面追肥只能作为一种辅助手段，生产上仍以根部施肥为主。采用叶面追肥时，必须在施足基肥并及时追肥的基础上进行，只有这样，才能取得理想的效果。

第二节　不同蔬菜叶面施肥方法

设施栽培蔬菜，由于人为创造的环境更便于满足作物对环境条件的要求，蔬菜能表现出生长快、产量高、结果多的特点。管理中除了注意及时追肥外，可结合喷药防治病虫害，多次进行根外追肥，以补充作物的养分不足。这种方法用量少、肥效快，又可避免肥分被土壤固定，是一种经济有效的施肥方法。在缺肥明显和作物生长后期根系衰老的情况下使用更能显示其效能。根外追肥所使用的肥料除了尿素、磷酸二氢钾、硫酸钾、硝酸钾、复合肥等常用的大量元素肥料外，近年来各地研制出适于用作叶面喷肥的大量元素加微量元素或含有多种氨基酸成分的肥料，也具有一定效果，如喷施宝、植保素、农乐等。但必须说明的是，蔬菜生长发育所需的基本营养元素主要来自基肥和其他方式追施的肥料，根外追肥只能作为一种辅助措施。

一、不同的蔬菜的需肥特性

（一）叶菜类蔬菜

叶菜类蔬菜如白菜、菠菜、芹菜等，均以食用嫩叶为主，整个生育期都是营养生长，因此追肥应以速效性氮肥为主，生长盛期可适当增加磷、钾肥。

大白菜、小白菜、菠菜、芹菜等叶面追肥以尿素为主，喷施浓度0.3%～0.5%，每亩喷洒75～100 L，全生育期共喷2～3次。也可喷施0.3%米醋溶液，每亩喷50 L左右。

（二）瓜果类蔬菜

瓜果类蔬菜如黄瓜、南瓜、冬瓜、茄子、辣椒、番茄及菜豆等，其食用部位是生殖器官，在幼苗期需氮较多，进入开花结果期则对磷的需求量剧增，而对氮的需求量相对减少。所以，在幼果期增施磷肥，开花结果则应增磷控氮。以黄瓜为例，在初果期就应重视磷肥的施用，以后每结一批果，就要补施一次肥水（即将肥料溶于水中浇施），以促进黄瓜优质丰产。

如黄瓜、番茄、茄子、辣椒、菜豆、豆角等。叶面追肥以氮、磷、钾混合液或多元复合肥为主，如0.2% ~ 0.3%磷酸二氢钾溶液、0.5%尿素+2%过磷酸钙+0.3%硫酸钾溶液、0.05%稀土微肥溶液等，一般在生长期喷洒2 ~ 3次。喷施宝、叶面宝、光合微肥等在瓜果类蔬菜上应用，也有良好的作用。另外，黄瓜结瓜期喷洒1%葡萄糖或蔗糖溶液，可显著增加黄瓜的含糖量。喷洒以0.2%尿素+0.2%磷酸二氢钾+1%蔗糖组成的"糖氮液"，不仅能增加产量，而且能增强植株的抗病能力，减轻霜霉病等病害的发生。

（三）葱蒜类、根菜类蔬菜

萝卜、胡萝卜、葱蒜类、马铃薯等食用部位是贮藏器官，对于这类蔬菜，在其生长期主要应以供氮为主，以促进肉质根茎的快速生成，生长后期再追施磷、钾肥。适当控制氮肥的施用，如大蒜、洋葱、萝卜、胡萝卜、马铃薯等。叶面追肥以磷、钾肥为主，如0.2%磷酸二氢钾溶液、过磷酸钙及草木灰浸出液等。同时，还可根据土壤中微量元素的缺乏状况，喷施微量元素肥料。如萝卜、榨菜喷洒2 ~ 3次0.1% ~ 0.2%硼砂溶液，既可以增加产量，又能预防糠心，提高品质。马铃薯喷施0.1%硫酸锌+0.1%钼酸铵混合液，一般可增产10%左右。

二、叶面施肥应注意的事项

（一）选择合适的肥料品种

尿素、磷酸二氢钾、过磷酸钙、硫酸钾、草木灰浸出液及一些微肥等用作蔬菜根外追肥效果较好，而含氯离子、易挥发及难溶性的肥料，如碳铵、氯化铵、钙镁磷肥等则不宜选用。

（二）掌握适当的喷洒浓度

根外追肥的适宜浓度为：尿素0.3%～2%，磷酸二氢钾0.3%～0.5%，硫酸铵0.2%～0.9%，硼砂0.1%～0.20%，硫酸锌0.1%～0.4%。不同作物使用浓度不同，蔬菜类作物浓度稍高些，但浓度不得随意加大，以免造成肥害。

（三）喷施量要适中

具体施用量根据蔬菜种类、生育时期来确定，以肥液将要从叶面上流下又未流下时最好。一般每亩用肥液50～70 L，须连续喷2～3次，间隔期为7～10 d。

（四）要选好喷肥时间

根外追肥以在较潮湿的天气里进行为好，保证叶片湿润30～60 min。最好在10时前及17时后喷洒，无风的阴天可以全天喷施。

喷施操作要点：不同作物对各种肥料的需求时期不同，蔬菜生产中要灵活掌握。另外，当作物出现某种脱肥症状时，要及时喷施。肥液应重点喷布于作物幼嫩茎叶上。对大多数蔬菜作物，喷施根外追肥时应尽量多喷叶片背面。肥液要充分搅拌，喷洒要均匀，不能漏喷，也不能在同一喷施过程中重复喷洒。

（五）注意合理混用

将2种或2种以上肥料混合喷施能提高肥效，肥料和农药混用可提高药肥功效。应注意的是，不能将碱性和酸性以及会发生反应的肥料、农药混用。

（六）最好添加活性剂

肥料中加入少量活性剂如中性肥皂、洗衣粉等，可以降低肥液的表面张力，增加肥液与叶片的接触面积，提高喷施效果。

第三节　影响叶部营养效果的条件

一、溶液的成分

叶部追肥选择什么样溶液成分，应该根据作物的营养特点和生长情况来确定。如磷、钾与碳水化合物的合成与运转关系密切，所以块根、块茎作物（如甘薯、马铃薯、甜菜等）在生长中后期喷施磷、钾肥，有良好的增产效果，在生长前期喷施氮肥能促进幼苗的生长。硼有利于种子的形成，所以对于棉花和油菜喷施硼肥，可防止花而不营、花而不实等缺素症的产生。作物产生某种养分的缺素症时可喷施含有相应养分的肥料。在选用具体肥料品种时，应选择叶片容易吸收的水溶性肥料品种。氮肥以尿素最好，吸收速率从大到小分别是：尿素、硝态氮肥、铵态氮肥，但是作为叶面喷施的尿素，其缩二脲的含量不能超过1%；磷肥吸收速率从大到小分别是：磷酸二氢钾、过磷酸钙，而磷矿粉、钙镁磷肥不是水溶性磷肥，不能用作根外追肥；钾素吸收速率从大到小分别是：氯化钾、硝酸钾、磷酸二氢钾。但高浓度氯离子对幼嫩叶片有伤害，氯化钾的喷施浓度不宜过高，且应避免在忌氯作物上施用。另外，除尿素外，一般无机盐的吸收速率要大于有机盐，一般应选择无机盐作为叶面喷施肥料。常用的叶面喷施的微肥品种有硼酸、硼砂、硫酸锌、氯化锌、钼酸铵、钼酸钠、硫酸钠、氯化锰、硫酸亚铁、硫酸亚铁铵、螯合态铁、硫酸铜、螯合态铜等。

二、溶液的浓度

根据试验，在一定的浓度范围内无论是无机离子还是有机分子进入叶片的速度都随着浓度的增加而增加，在不产生肥害的情况下，应适当提高溶液的浓度，大量元素喷施浓度为0.2%～2%，微量元素为0.01%～0.2%。

三、作物种类和叶片结构

从作物种类来看，棉花、油菜、甘薯、马铃薯等双子叶植物，具有叶面积大、角质层薄、叶面平展的特点，养分吸收快，而水稻、小麦、玉米等单子叶植物具有叶面积小、角质层厚、叶面披垂的特点，养分吸收相对较慢。一般情况下双子叶植物叶面喷施的效果要好于单子叶植物。

从叶片结构看，叶片的正面表皮组织的下面是栅栏组织，细胞排列紧密，吸收养分相对较慢；而叶片的背面表皮组织的下面是海绵组织，细胞排列疏松、细胞间隙大，而且有许多孔道细胞，吸收养分较快，所以为提高叶面施肥的效果，应尽量做到正反两面都喷到。

四、溶液pH值

当溶液pH值呈现微酸性反应时，叶片表面的蛋白质以带正电荷为主，有利于阴离子的吸收，所以喷施阴离子肥料如磷肥、硝态氮肥、硼肥、钼肥时，应将溶液调至微酸性。当溶液处在微碱性反应时，叶片表面的蛋白质以带负电荷为主，有利于阳离子的吸收，所以喷施阳离子肥料如铵态氮肥、钾肥、铁肥、锰肥、锌肥、铜肥时，应将溶液调至微碱性，过酸过碱都不利于养分的吸收。

五、湿润剂

溶液在叶片表面的停留时间的长短也是影响叶面施肥效果的重要因素，在溶液中加入适当的湿润剂能起到良好的效果，如加入

0.1%～0.2%洗衣粉、洗涤剂、中性肥皂液，能降低溶液的表面张力，增加溶液在叶片上的附着力，从而提高叶面喷施的效果。

六、喷施次数和部位

对于在作物体内移动性小，再利用低的养分，如铁、锰、锌、铜、钼、硼、钙等养分，应适当增加喷施次数，而且要注意喷施在幼嫩好吸收的部位。

七、喷施时间

喷施时间应尽量选择在下午风小的时候，使溶液在叶片表面保持一定的湿润时间，这样会有利于叶片的吸收利用，中午、雨天、风大时不应喷施叶面肥。

八、合理混用

将2种或2种以上肥料混合喷施能提高肥效，肥料和农药混合使用可提高药肥功效。应注意的是，避免将碱性和酸性以及会发生反应的肥料、农药混用。

总体来讲，根外追肥虽然具有许多土壤施肥没有的优点，但它也有局限性，例如，每次喷施的养分浓度和用量是有限的，肥效短；肥料会从叶片表面滑落，也会受雨水的淋洗；某些养分（如钙）叶部吸收后，不易向其他部位转移；刮风、下雨、高温时间不能施用等。所以叶面施肥代替不了土壤施肥，只能作为土壤施肥的一种辅助手段，尤其是作物需要量大的大量元素仍然应该以土壤施肥为主。

蔬菜高效栽培技术

第八章

番　茄

第一节　夏番茄

种植茬口安排：6月上旬育苗，6月下旬至7月上旬定植，11月中下旬拉秧，设施为大拱棚，可采用大拱棚春黄瓜—夏番茄—秋芸豆的高效栽培模式。

一、品种选择

该茬番茄苗期处于高温多湿季节，宜选用较耐强光、耐高温、高抗病毒病的高产优质品种。如毛粉802、中蔬四号、百灵、格雷、宝丽、金棚10号、欧冠等。

二、育苗

基质配置：配制基质注意要疏松透气、肥沃均匀、酸碱适中、不含虫卵。常用的配方有草炭∶珍珠岩∶蛭石=6∶3∶1，草炭∶牛粪∶蛭石=1∶1∶1，夏季育苗可减少珍珠岩的比例，保持水分。配制过程中采用40%的甲醛300~500倍液或50%多菌灵可湿性粉剂进行基质灭菌消毒，添施氮磷钾复合肥（15-15-15）1~1.5 kg/m³。

播种前一天进行基质装盘。配好的基质（60%含水量）用硬质刮板轻刮到苗盘上，填满为宜，再多余的基质用刮板刮去，至穴盘格清晰可见，穴盘基质忌压实，忌中空。当天装不完的基质，第二天需上下翻一遍，保证装盘的基质土干湿度基本保持一致。装好营养土的苗盘上下对齐重叠5~10层，用地膜覆盖保持湿度，便于次日点种时压窝。压窝深度不宜超过1.5 cm，适宜深度为0.5 cm，每次压窝用力要均匀，深浅一致。过深不利于出苗，过浅容易戴帽出苗。

种子处理：种子放入50~55℃热水中不停搅拌降至水常温，再浸种8~12 h，或用0.2%的高锰酸钾溶液浸种15~20 min后用清水反复冲洗，或先将种子用清水浸泡1~2 h，再用10%的磷酸三钠溶液或50%多菌灵200倍溶浸种20~30 min，用清水反复冲洗后催芽。将种子在28~30℃恒温下催芽，3~4 d后开始发芽，适当的变温处理可明显提高出芽整齐度，方法是：每天16 h 30℃+8 h 20℃处理，催芽过程中每天清水投洗1次。70%种子露白时即可播种。

播种管理：采取人工或机械点播，播后覆基质、浇水，浇水程度以水渗至孔穴的2/3为宜。播种后遮阴，3~4 d苗刚出齐后，去除遮盖物，覆盖防虫网。为防止徒长，管理上以控为主，浇水以小水为主。根据秧苗长势，当稍有徒长时，每间隔5~7 d喷助壮素1~2次。定植前不必追肥。定植前2~3 d停止浇水。播种至齐苗，白天温度25~30℃，夜温12~18℃；齐苗至分苗白天20~25℃，夜温14~16℃；分苗至定植白天20~25℃，夜温10~15℃。注意出现高温时必须通风。

三、定植

前茬黄瓜收获后，深耕翻地。由于前茬已施足有机肥，因此每亩施入三元复合肥50~60 kg后起垄。垄宽120 cm，其中沟宽40 cm，垄高15~20 cm。番茄苗龄28~32 d，3叶1心，苗高16~22 cm时定植。可先起垄覆膜再坐水栽植，也可栽植后灌水缓苗再覆膜。栽植同期固足好吊绳。此茬番茄采取大小行定植，小行距45~55 cm，大行距60~70 cm，株距33~38 cm。定植后浇足缓苗水。

四、田间管理

温度管理：定植后缓苗期要适当提高棚温，白天超过30℃时放风。缓苗后棚温超过28℃时放风。当外界最低气温稳定在12℃以上，可昼夜通风。防止出现超过35℃的高温。

水肥管理：定植后土壤湿度维持在田间最大持水量的70%～80%。缓苗后随气温升高逐渐增加浇水量，土质条件下，每隔4～7 d浇一次水。浇水宜在清早进行，起垄栽培的在傍晚进行浇水。第一穗果膨大前即第二花序开花前，适当控制浇水，防止徒长。为防止气温过高幼苗徒长，可于第一次追肥后喷洒多效唑，但要严格注意使用浓度。待第一花序坐住果并开始膨大时，结合浇水施肥，以后每穗果追肥一次或每隔10 d追一次肥，每次追水溶肥8～10 kg/亩或氮磷钾复合肥15～20 kg，同时注意施入适量钙、镁、硼、锌、钼等营养元素，可采取叶面喷施等方式施入。进入持续结果期后，加强水肥管理。由于该茬番茄前期果实成熟速度快，因此要适时早采收，利于植株继续坐果，提高产量。

整枝打杈：采取单干5穗果整枝和吊绳落蔓的方法，棚两侧较低处可采取双杆4穗果整枝。摘除无用侧枝、多余的花、病残底叶和畸形果。留果5穗，每穗留4～5个长势均匀的果，留足计划果穗后，顶部留2片叶打顶摘心。将蔓按垄下放接地后，再重新换绳吊蔓。落蔓应在午后进行。

保花保果：夏季气温过高，导致花的授粉受精能力较弱，常常造成大量的落花落果。可在盛花期用15～20 mg/kg 2，4-D、20～30 mg/kg番茄灵或25～30 mg/L坐果灵蘸花或株花柄，提高坐果率。

疏花疏果：开花时，每穗选留6～7朵壮花，其余疏掉。坐果后，如坐果偏多时，去掉第一个果和末尾小果及畸形果，选留4～5

个好果。对光照强的位置和壮秧可多留果，反之少留果。

五、收获

番茄果实转色时陆续采收。

六、病虫害防治

夏番茄主要病害有苗期立枯病、猝倒病、茎腐病，生长期病毒病、脐腐病和晚疫病等病害，虫害有蚜虫、白粉虱、烟青虫等。

立枯病、猝倒病可用75%百菌清可湿性粉剂600～800倍液或20%的甲基立枯磷1 000～1 200倍液，或50%扑海因可湿性粉剂1 000～1 500倍液防治；茎腐病可用50%扑海因可湿性粉剂1 200～1 500倍液，或70%农用链霉素600倍液混合液和72%克露800倍液等药剂防治；病毒病初发期可用20%病毒A可湿性病粉剂500倍液、1.5%植病灵1 000倍液均匀喷雾防治；脐腐病可在番茄坐果后一个月内，喷洒1%的过磷酸钙或0.5%氯化钙加5～10 mg/kg萘乙酸溶液预防，每15 d喷1次，连喷两次；晚疫病可用40%乙霜灵可湿性粉剂250倍液或58%瑞毒锰锌可湿性粉剂500倍液喷雾防治；蚜虫可喷洒50%灭蚜松乳油2 500倍液，或20%速灭杀丁乳油2 000倍液，或50%抗蚜威可湿性粉剂2 000～3 000倍液，或10%蚜虱净可湿性粉剂4 000～5 000倍液防治；白粉虱可用或10%扑虱灵乳油1 000倍液，或25%灭螨猛乳油1 000倍液或10%蚜虱净可湿性粉剂4 000～5 000倍液喷雾防治；烟青虫可用48%乐斯本乳油1 000倍液喷雾防治。

第二节　越夏番茄

种植茬口安排：3月下旬播种育苗，5月上旬定植，7月中旬开始上市，9月下旬拉秧，设施为大拱棚，高效栽培模式可采用大拱棚早春白菜—越夏番茄—秋延迟芹菜等高效种植模式。

一、品种选择

越夏番茄栽培应选抗病、耐热、着色均匀、品质好的品种，如粉宝石3号等。

二、育苗

选用72孔穴盘育苗，基质配方为草碳：蛭石：珍珠岩=5：3：1（体积比）。用10%磷酸三钠或1%高锰酸钾和50%多菌灵600倍液浸泡种子20~30 min，洗净后用55℃温水中浸种8~12 h，在白天温度25~28℃、夜间15~18℃条件下催芽。幼芽露白时，将种子点播入浇透水的穴盘内，上覆0.5~1.0 cm的蛭石，播完后覆膜，控制温度白天28~30℃，夜间18~22℃。幼苗大部分出土后撤去地膜，并适当降温，白天20~24℃，夜间12~16℃，并控制浇水，以防幼苗徒长。喷洒杀菌剂和杀虫剂，预防猝倒病、立枯病和白粉虱、蚜虫等病虫害。

三、定植

定植前将前茬作物清除干净，密闭大拱棚，用百菌清、二甲菌核利等烟剂熏烟杀菌消毒。大拱棚通风口及前屋面距地面1 m范围用防虫网密封，防止害虫迁入。每亩撒施优质腐熟的有机肥4~6 m³，氮磷钾三元复合肥（15-15-15）40~50 kg，深翻25~30 cm，耙平后起垄，垄顶宽15~20 cm，垄高20~25 cm。大行距80 cm左右，小行距60 cm左右，株距40~45 cm。定植时按株距挖穴，放苗，栽植深度埋至子叶下方为宜。封垄后浇透定植水。

四、田间管理

温度、光照管理：定植后3~4 d适当遮阴，保持白天温度为

24 ~ 27℃，夜间12 ~ 17℃。发棵期白天温度为20 ~ 25℃，夜间14 ~ 18℃；进入结果期时，应尽量加大通风量和通风时间，白天温度控制在32以下，夜间22℃以下，若光照过强，可用遮阳网适当遮阴。

水肥管理：定植后浇透水，缓苗后控水蹲苗。第一穗果坐住后结合浇水，每亩施氮磷钾三元复合肥（15-15-15）30 ~ 40 kg。之后10 ~ 15 d浇一水，隔水一肥，每次施氮磷钾三元复合肥25 ~ 30 kg/亩。

植株调整：当番茄长至30 cm左右时开始吊蔓，吊蔓高度以1.7 ~ 2.0 m为宜。当第一侧枝长至5 ~ 10 cm时整枝打杈，采用单秆整枝法。现大蕾时用15 mg/L的番茄灵蘸花或涂抹花柄，刺激子房膨大，保证果实坐稳。每花序只蘸前5 ~ 6朵花，果实开始膨大后摘除畸形果、僵果，每花序留4 ~ 5果。摘除老叶，改善通风透光性能，减少病虫为害。

五、收获

长途运输果实，1/3果面着色时采收；供应本地市场的果实，2/3果面着色时采收，粉色果适当早收。

六、病虫害防治

越夏番茄主要病害有病毒病、早疫病、晚疫病、脐腐病等，虫害主要有白粉虱、烟粉虱、美洲斑潜蝇等。

1. 农业防治

选用高抗病、抗逆品种，注意选择2年内未种过茄果类蔬菜的地块种植；清除前茬作物残株，降低病虫基数；摘除病叶、病果，并集中销毁。

2. 物理防治

棚内悬挂黄色粘虫板诱杀粉虱等害虫，规格25 cm × 40 cm，每亩悬挂30 ~ 40块。在大拱棚门口和放风口设置40目以上的银灰色防虫网。

3. 生物防治

可用2%宁南霉素水剂200～250倍液预防病毒病，用0.5%印楝素乳油600～800倍液喷雾防治蚜虫、白粉虱。

4. 化学防治

可采用烟熏法或喷雾防治，注意轮换用药，合理混用。发病初期喷施20%病毒A可湿性粉剂500倍或1.5%植病灵乳剂1 000倍防治病毒病；早疫病、晚疫病可用45%百菌清烟雾剂熏棚，7 d熏1次，连熏3～4次；疫病发病初期可用18.7%烯酰·吡唑酯水分散粒剂600～800倍液，或72%霜脲·锰锌可湿性粉剂600～800倍液，或用60%吡唑醚菌酯·代森联水分散粒剂1 000～1 500倍液喷雾防治。脐腐病可用0.2%的氯化钙喷洒叶面防治。

白粉虱、烟粉虱、美洲斑潜蝇可用25%噻虫嗪水分散粒剂2 500～3 000倍液，或10%吡虫啉可湿性粉剂1 000倍液，或25%噻嗪酮可湿性粉剂1 500倍液喷雾防治，也可用30%吡虫啉烟剂或20%异丙威烟剂熏杀。

第三节　秋冬茬番茄

种植茬口安排：7月初育苗，8月上旬定植，10月中旬上市，12月下旬拉秧。设施为日光温室大棚，可采用日光温室秋冬番茄—冬春丝瓜、日光温室秋冬番茄—冬春番茄等高效栽培模式。

一、品种选择

选择耐低温弱光、抗病性和丰产性好的大粉果品种，如金棚8号、海泽拉等抗番茄黄化曲叶病毒、抗根结线虫的大粉果品种。

二、育苗

于定植前30～35 d播种，种子采用磷酸三钠浸种法或温汤浸种进行消毒处理。种子浸泡5~8 h，在25~30℃下催芽，2~3 d出芽即可播种。育苗穴盘72穴，基质配比为：草炭∶蛭石∶珍珠岩=2∶1∶1。处理好的基质在装穴盘前，为防止病虫为害，每方基质加75%百菌清50 g、25%阿克泰20 g拌匀后使用。夏季育苗要重点做好防病虫、防高温和防徒长工作。种子出土后中午高温时需采用遮阳网覆盖降温，有条件的温室可采用湿帘降温。遮阳网不能全天覆盖，否则易造成弱光环境导致苗子徒长。育苗过程中若发现幼苗徒长严重，可用助壮素750倍液或矮壮素1 500倍液喷雾控制。

三、定植

定植幼苗生理苗龄达到28~30 d，以株高15~20 cm，4叶1心为宜。定植前15~20 d，每亩撒施腐熟优质有机肥7~8 m³，或者撒施商品腐熟有机肥240~320 kg，氮磷钾复合肥50~60 kg，施肥后深耕耙平。定植时大行距80~90 cm，小行距60~70 cm，株距33~35 cm，每亩定植2 500~3 000株。栽苗后，浇透水，地面干燥后划锄，7~10 d后，向植株覆土形成小高畦，并覆盖地膜。

四、田间管理

温度管理：定植后白天温度28~30℃，尽量不超过33℃，夜间18~22℃。7~10 d缓苗后，温度适当降低，白天25~28℃，夜间18~20℃。开花结果后适当提高白天温度，以28~30℃为宜，夜温保持在15~18℃。

湿度管理：定植后至缓苗前应保持棚内较高湿度，以利缓苗，缓苗后通风降低棚内湿度，尤其是开花结果期，保持较低湿度，减少病害发生。

水肥管理：定植后至缓苗前不再浇水，缓苗后至开花前也应尽量少浇水，以防徒长。开花结果后加大肥水供应，根据土壤湿度和天气情况，每15~20 d浇1水，且根据果实生长情况随水冲施促果水溶肥（15-5-30+TE）10~15 kg/亩。

植株调整：因定植时气温较高，植株缓苗及生长较快，定植后10 d左右开始吊蔓。绑蔓位置为番茄底部第2片真叶上方，以后随着植株的生长进行缠蔓或使用绑蔓夹固定植株与吊绳。选择单秆整枝，当第一侧枝长至5~10 cm时整枝打杈，打杈时注意杈基部留1~2 cm高的桩，忌从杈基部全部抹除，以防止病害侵染植株。采用电动授粉器授粉或者每穗选留5~6朵正常健壮的花蕾待显大蕾时用15 mg/L的番茄灵蘸花或涂抹花柄。待坐住5~6个果时，每穗留4~5个果实，将剩余花蕾进行疏除，以利养分集中供应，植株留5~6穗果进行摘心。待第一穗果进入白熟期，在晴天上午进行将植株底部的病叶、老叶摘除，以利植株底部通风透光和果实转色。

五、病虫害防控

冬茬番茄主要病害有病毒病、晚疫病、脐腐病等，虫害主要有白粉虱、烟粉虱、美洲斑潜蝇等。

1. 物理防治

棚室的上通风口和下通风口采用防虫网封闭，夏季全天候覆盖。棚室内悬挂粘虫板，每亩均匀悬挂30片左右，悬挂高度超过植株顶部15~20 cm，并随植株生长不断提高黄板位置。

2. 生物防治

可以释放丽蚜小蜂防治白粉虱和烟粉虱，当每棚百株作物平均每株0.5头粉虱时开始释放丽蚜小蜂。每亩释放1 000~2 000头，7~10 d释放1次，连续释放3~4次。可以释放食蚜瘿蚊防治蚜虫，棚内已发现蚜虫时，可将混合在蛭石中的食蚜瘿蚊蛹分放在棚室中；若棚内尚未发现蚜虫，可将带有麦蚜和食蚜瘿蚊幼虫的盆栽麦苗均匀放置在棚内，每亩释放500头，每7~10 d释放1次，连续释放3~4次。最佳防治温度控制在白天20~35℃，夜间在15℃以上。

3. 化学防治

病毒病为白粉虱、潜叶蝇等昆虫传播，定植初期可用20%吗胍·乙酸铜可湿性粉剂500倍液，或2.5%溴氰菊酯乳油2 500倍液，或4.5%高效氯氰菊酯乳油2 000倍液，每隔7～10 d喷1次，连喷2～3次，防治白粉虱、斑潜蝇，可兼治棉铃虫、甜菜夜蛾。秋冬茬番茄生长后期遇到低温高湿环境，容易引发晚疫病害，宜进行提前预防。主要采用氟菌·霜霉威悬浮剂800～1 000倍液+海藻酸叶面肥喷雾，每隔7～10 d喷1次，连喷2～3次。白粉虱、烟粉虱、美洲斑潜蝇防治，可选用25%噻虫嗪可分散粒剂3 000～4 000倍液，或25%噻嗪酮可湿性粉剂1 000～1 500倍液，或5%啶虫脒1 000倍液，隔7～10 d喷1次，连续防治2～3次。

第四节　冬春茬番茄

种植茬口安排：12月中下旬播种，2月上中旬定植，5月中下旬开始采收上市，设施为日光温室大棚，可采用日光温室秋冬番茄—冬春番茄等高效栽培模式。

一、品种选择

选择早熟或中早熟、耐低温、抗番茄黄化曲叶病毒、抗根结线虫、丰产性好的大粉果品种，如金棚8号、STP-F318、海泽拉、德澳特302等。

二、育苗

于定植前45～50 d播种，种子采用磷酸三钠浸种法或温汤浸种进行消毒处理。种子浸泡5～8 h，在25～28℃下催芽，2～3 d出芽即可播种。育苗穴盘72～100穴，基质配比为：草炭：蛭石：珍珠岩=2：1：1。为防止病害，基质在装穴盘前每方基质加75%百菌清50 g拌匀后使用。番茄苗期应加强温湿度和水肥管理。出苗前白天温度28～30℃，夜温24℃，有利于出苗。出苗后白天适当通风降温，防止幼苗徒长，育苗期间夜间温度低于12℃时应适当加温。番茄苗期以控水为主，促控结合，使基质保持见干见湿状态。综合调控好温度、湿度和光照等环境条件，确保培育无病壮苗。

三、定植

定植前15 d每亩撒施腐熟优质有机肥7~8 m³，或者撒施商品腐熟有机肥6~8袋（40 kg/袋），氮磷钾复合肥50~60 kg，施肥后深耕耙平。于2月中下旬定植，番茄苗株高18~22 cm，4~5片真叶，茎粗0.5 cm以上，节间短，无病虫害。采用大小行平栽种植，大行距80~90 cm，小行距40~50 cm，株距33~36 cm。定植时要依据花序着生方向，实行定向栽苗，使花序着生部位处于操作行（宽行）。定植后，浇足缓苗水。

四、田间管理

温度管理：白天在25~28℃，最高不宜超过30℃，夜间控制在15~17℃，最低温度不宜低于8℃。番茄不同生育阶段所需求的温度略有差异，开花期比掌握的标准略低1~2℃，果实发育期略高1~2℃。

水肥管理：定植时浇透水，缓苗后视植株长势和土壤干湿情况进行浇水。平均每15~20 d随水冲施水溶肥10~15 kg/亩，膨果期宜选用高钾水溶肥。

植株调整：定植后15 d左右开始绑蔓，绑绳松紧要适度，防止过紧缢断茎秆或影响茎秆增粗生长。绑蔓时防止把花序绑在绑绳内形成夹扁果。采用直立单干整枝，其余侧枝全部摘除，打杈宜在晴天10—15时进行，此时间段温度高，打杈后伤口愈合快、伤流少，可以减少植株的养分损耗。每穗结合蘸花选留5~6朵正常健壮的花蕾，其余花蕾全部疏掉，待每穗果坐齐后，再疏掉因蘸花而形成的畸形果、特小果，使每穗保留较整齐的4~5个果。植株留5~6穗果进行摘心，摘心时在上部保留2~3片叶，以保障顶层果正常需要，同时防止阳光灼伤果实。分次、适时摘除病叶、黄叶和老叶，以利通风透光、果实着色和防止病害发生。第一次摘叶在第一穗果刚开始转色时进行，重点把番茄植株基部1~2片叶摘除。第二次摘叶在第一穗果长大定型后进行，在第一穗果下方留1片叶，其下部全部摘除即可。打叶时每次以2片为宜，不能过多，叶片摘除过狠会加重根系衰老，致使水分和矿物质营养供应不足，空洞果比例增加。

五、采收

采摘后若需长途运输，可在变色期（果实的1/3变红）采摘，就地出售或自食应在成熟期即果实1/3以上变红时采摘。番茄采收时应轻摘轻放，采摘时最好不带果蒂，以防装运时果实相互扎伤，影响外观品质。

六、病虫害防治

冬春茬番茄前期因低温、高湿环境易得叶霉病和疫病，生长后期温度升高，白粉虱和斑潜蝇密度上升，易传染病毒病、煤污病等。

1. 物理防治

采用色板诱杀、防虫网隔离等物理防治技术可减少农药的使用。黄板大小为25 cm×40 cm，每亩均匀悬挂30片左右，悬挂高度超过植株顶部15~20 cm，并随植株生长提高黄板位置。在冬春季节用防虫网封闭通风口，在夏季全天候覆盖。

2. 生物防治

可以释放丽蚜小蜂防治白粉虱和烟粉虱，当每棚百株作物平均每株0.5头粉虱时开始释放丽蚜小蜂。将丽蚜小蜂的蜂卡挂在植株中上部的分枝或叶片上。每亩释放1 000~2 000头，7~10 d释放1次，连续释放3~4次。可以释放食蚜瘿蚊防治蚜虫，棚内已发现蚜虫时，可将混合在蛭石中的食蚜瘿蚊蛹分放在棚室中；若棚内尚未发现蚜虫，可将带有麦蚜和食蚜瘿蚊幼虫的盆栽麦苗均匀放置在棚内，每亩释放500头，每7~10 d释放1次，连续释放3~4次。最佳防治温度控制在白天20~35℃，夜间在15℃以上。

3. 化学防治

叶霉病发病初期，可选用10%苯醚甲环唑水分散颗粒剂1 500~2 000倍液，或40%福星乳油6 000~8 000倍液喷雾防治，每隔7~10 d喷1次，连续喷2~3次；病毒病可用20%吗胍·乙酸铜可湿性粉剂500倍液、1.5%的植病灵乳剂1 000倍液等药剂喷雾，每隔7~10 d喷1次，连续喷2~3次；疫病用10%氰霜唑悬浮剂1 000倍液喷雾，或氟菌·霜霉威（银法利）悬浮剂800~1 000倍液喷雾，每隔7~10 d喷1次，连喷2~3次。白粉虱、烟粉虱、美洲斑潜蝇防治，可选用25%噻虫嗪可分散粒剂3 000~4 000倍液，或25%噻嗪酮可湿性粉剂1 000~1 500倍液，或5%啶虫脒1 000倍液，隔7~10 d喷1次，连续防治2~3次，可兼治棉铃虫、甜菜夜蛾。

第九章

黄　瓜

第一节　春黄瓜

种植茬口安排：上年12月中下旬育苗，2月上中旬定植，6月下旬拉秧，设施为大拱棚，可采用春黄瓜—夏番茄—秋芸豆高效栽培模式。

一、品种选择

选用耐低温弱光、抗病性强、早熟丰产、品质优良的品种，如津优35号、博耐3号、博美501、津优10号、中农15号、新泰密刺等。

二、育苗

春茬黄瓜采用嫁接苗，嫁接砧木多选用黑籽南瓜，于日光温室中播种育苗，靠接法嫁接，每亩黄瓜用种量为100~150 g。

浸种催芽：播种前1~3 d进行晒种，晒种后将种子置于55℃的温水中烫种10~15 min，并不断搅拌至水温降到30~35℃，将种子反复搓洗，并用清水洗净黏液，浸泡4 h左右，将浸泡好的种子用洁净的湿布包好，放在28~32℃的条件下催芽1~2 d，待种子80%露白时播种。砧木种子处理和黄瓜种子一样，除浸泡时间延长至6~8 h外。营养土配制：可购买黄瓜专用育苗基质，或自行配制，如草炭、蛭石和珍珠岩=3：1：1或牛粪、菇渣、草炭、蛭石=2：2：4：2。

播种管理：早春季节播种应在定植期前35～40 d进行，且砧木比黄瓜晚播种7～10 d。将相对含水量30%～40%基质均匀填装至50孔穴盘，用刮板刮去穴格以上多余基质，按压约1 cm深的播种穴。播种后覆盖1.0～1.5 cm的湿润育苗基质或者湿沙。播后淋透水、覆膜。当出苗率达到60%揭除地膜。苗出齐后，可通过揭膜或盖膜调节苗床温度，白天控制在25℃左右，夜间15～20℃，注意夜晚温度不宜过高，否则易形成高脚苗。待黄瓜植株7～10 cm高，砧木南瓜子叶展开，真叶长至0.5 cm时嫁接。

嫁接管理：常采用靠接法。用竹签等挖掉南瓜苗的生长点，再用刀片在南瓜幼苗上部距子叶约1.5 cm处向下斜切1个35°左右的口，深度为茎粗的2/3左右，再用刀片将黄瓜上部距子叶1.5 cm处向上斜切1个35°左右的口，深度也是茎粗的2/3左右。两瓜苗切好后随即把黄瓜苗和黑籽南瓜苗的切面对齐插好，使切口内不留空隙，用塑料夹子固定好。嫁接后1～3 d，晴天全日遮光，温度白天保持25～28℃，夜间不低于20℃，空气相对湿度95%以上。4～5 d后可逐渐减少遮阴时间，适当增加光照，揭开小拱棚顶部少量通风，空气相对湿度保持80%以上。5～7 d以后可逐渐通风，不再遮阴。7～10 d后，生长点不萎蔫，心叶开始生长即可转入正常管理。定植前7 d白天温度20～23℃，夜温10～12℃炼苗。

三、定植

定植前，棚内要施足基肥，每亩施腐熟农家肥5 000 kg、三元复合肥50 kg。肥料均匀撒施在棚内，用旋耕机翻匀，按大行距60～65 cm，小行距35～40 cm作畦，覆盖地膜，将全畦面和畦沟均覆盖，接缝留在畦沟处，提高地温。2月上中旬，黄瓜幼苗植株高度10～12 cm，4～5片真叶时定植。定植后加盖小拱棚，大拱棚膜内用塑料膜拉起二层幕。每亩保苗2 500株左右。

四、田间管理

温度管理：定植后5～7 d内不通风，促进缓苗，白天温度28～30℃，夜温不低于18℃。缓苗后采用四段变温管理：8—14时，25～30℃；14—17时，20～25℃；17时至凌晨，15～20℃；凌晨至日出，10～15℃。地温保持15～25℃。待缓苗后可适当通风，白天温度不超过30℃，夜温不低于12℃。定植后10～15 d，幼苗进入了蹲苗期，白天温度25～30℃，晴天中午超过30℃时，加大放风量，棚温降至25℃时，关闭风口，夜间10～15℃，早晨揭帘前维持在10℃，加大昼夜温差，控制地上部的生长。结瓜期白天温度25～28℃，夜间15℃左右。

水肥管理：黄瓜的适宜土壤含水量苗期60%～70%，成株期80%～90%，适宜相对空气湿度缓苗期80%～90%，开花结瓜期70%～85%。为了控制病害的发生，尽量保持叶片不结露，无水滴。定植时浇小水，定植后3～5 d后浇缓苗水，根瓜坐住后，结束蹲苗，浇水追肥。追肥应遵循薄肥勤施的原则。初瓜期后水肥要及时补充，保证茎蔓生长的同时，促进瓜条生长，可每隔10 d左右浇一次水，初果期一水一肥，随水冲施，每亩冲施肥15～20 kg。当有70%～80%的根瓜达到10～15 cm时，适合浇根瓜水促生长。生长后期，可采用叶面喷肥，喷施0.2%磷酸二氢钾、0.5%尿素，延缓叶片老化。

植株调整：黄瓜植株株高25 cm以上，有6～7片叶时，选择在晴天的上午吊蔓。吊绳最好采用具有驱蚜作用的银灰色塑料绳。除掉黄瓜茎蔓上的卷须、第一瓜以下侧蔓、打老叶等，调整黄瓜的叶面积和空间分布，改善通风透光条件，促进瓜秧顺利生长，减少不必要的养分消耗，保证果实所需养分，提高黄瓜商品品质。当主蔓长到25片叶时摘心，促生回头瓜，根瓜要采摘以免坠秧。侧蔓长瓜后留1叶摘心。若出现花打顶时，可采取闷尖摘心，促生同头瓜。疏掉弯瓜、病瓜和多余的小瓜。待下部瓜陆续采摘，植株高度到人不易操作时，要开始落蔓。落蔓前，必须把下部的老叶，病叶全部打掉，解开瓜蔓，在近地面盘绕成圆形，留8~10叶的瓜蔓继续向上缠绕，成新的结瓜主蔓，这样的落蔓次数至少要3~5次，可有效延长了黄瓜生育期。

五、收获

根瓜要及早采收，在黄瓜开花后8~12 d，黄瓜长到长25~30 cm，粗度在2.5~3 cm，瓜条顺直，表面颜色由暗绿变为鲜绿且有光泽，花瓣不脱落时为最佳采收期，同时利于植株上部开花坐果。结果盛期1~2 d要采收1次，在清晨进行，以保持瓜条鲜嫩，提高商品率。根瓜要早摘，腰瓜要及时摘，瓜秧弱的要摘小瓜、嫩瓜，瓜秧旺的适当早摘，调整植株长势，促丰产。

六、病虫害防治

大拱棚春茬黄瓜的主要病害有霜霉病、细菌性角斑病、白粉病和枯萎病等，虫害有蚜虫、白粉虱、美洲斑潜蝇等。

霜霉病可用72.2%普力克水剂600~800倍液，或72%克露可湿性粉剂800倍液，或500%甲霜铜可湿性粉剂500倍液，或72%克抗灵可湿性粉剂800倍液喷雾防治；细菌性角斑病可用72%农用硫酸链霉素可溶性粉剂4 000倍液，或50%琥胶肥酸铜可湿性粉剂400~500倍液，或77%可杀得可湿性粉剂500倍液喷雾防治；白粉病可用15%粉锈宁可湿性粉剂1 500倍液，或20%抗霉菌素200倍液，或70%甲基硫菌灵可湿性粉剂1 000倍液，或50%硫黄胶悬剂300倍液等药剂喷雾防治；蔓枯病可用75%百菌清可湿性粉剂600倍液，或70%代森锰锌可湿性粉剂500倍液喷雾防治，也可用70%甲基硫菌灵50倍液或40%氟硅唑4 000倍液，用毛笔蘸药涂抹病部防治；蚜虫和白粉虱可用10%吡虫啉可湿性粉剂1 500倍液，或2.5%三氟氯氰菊酯乳油4 000倍液，或3%啶虫脒乳油1 000~1 250倍液喷雾防治；美洲斑潜蝇可用1.8%爱福丁乳油3 000倍液或30%灭蝇胺可湿性粉剂1 500倍液喷雾防治。

第二节　越夏黄瓜

种植茬口安排：4月下旬播种育苗，5月下旬定植，7月上旬开始上市，9月下旬拉秧。设施为大拱棚可采用早春白菜—越夏黄瓜/番茄—秋延迟芹菜高效种植模式。

一、品种选择

选择抗病、耐热、优质、高产、适合市场需求的品种，如博新68等。

二、育苗

选用嫁接亲和力强、与接穗共生性好、抗瓜类根部病害的砧木品种嫁接育苗。用草炭、蛭石和珍珠岩按5：3：1（体积比）比例配制育苗基质，装入孔50或72孔穴盘。用10%磷酸三钠或1%高锰酸钾和50%多菌灵600倍液浸泡种子20～30 min，洗净后用55℃温水中浸种6～8 h，而后置于白天温度25～28℃，夜间15～18℃条件下催芽，幼芽露白时播种。砧木出苗速度和幼苗生长速率较快，因此先播接穗，接穗子叶顶土时播砧木。幼苗出齐后控制浇水，以防徒长。喷洒杀菌剂和杀虫剂，预防猝倒病、立枯病和白粉虱、蚜虫等病虫害。幼苗子叶展平后，采用插接法嫁接。嫁接后迅速封闭苗床，白天保持温度25～28℃，夜间20～23℃；3 d内不见光或见弱光，空气湿度保持95%以上。嫁接后3～5 d，早、晚揭膜通风见光，通风见光量由小到大，时间由短到长，白天保持温度25～30℃，夜间16～22℃。7～10 d后嫁接苗不再萎蔫时转入正常管理。

三、定植

定植前将前茬作物清除干净，密闭大拱棚，用百菌清、二甲菌核利等烟剂熏烟杀菌消毒。每亩撒施优质腐熟的有机肥4～6 m³，氮磷钾三元复合肥（15-15-15）40～50 kg，深翻25～30 cm，耙平后起垄或作畦，垄顶宽15～20 cm，垄高20～25 cm，大行距80～100 cm，小行距50 cm，株距25～28 cm；畦宽140 cm，每畦栽2行，株距25～28 cm。定植时按株距挖穴，放苗，栽植深度埋至子叶下方为宜。封垄后浇透定植水。

四、田间管理

温光管理：越夏黄瓜田间管理重点是控光降温，尽量加大通风量和延长通风时间，白天温度控制在35℃以下，夜间22℃以下，若光照过强，可用遮阳网适当遮阴。

水肥管理：定植后浇透水，缓苗后控水蹲苗。根瓜采收后结合浇水，每亩施氮磷钾三元复合肥（15-15-15）25～30 kg，有机肥100 kg。10 d左右浇一水，隔水一肥，每次施氮磷钾三元复合肥30～40 kg/亩。

植株调整：黄瓜开始出现卷须时吊蔓，吊蔓高度以1.7～2.0 m为宜，当蔓高超过架顶时落蔓。当有侧枝发生时，应摘除，落蔓后要摘除植株下部的老叶。为了满足营养供应，保证连续结瓜，要人工控制结瓜数，出现1节多瓜时疏掉多余瓜，调整为叶/瓜比为3左右。

五、收获

果实达商品成熟时收获。

六、病虫害防治

越夏黄瓜的主要病害有霜霉病、白粉病、疫病、根腐病等。常见虫害有烟粉虱、白粉虱、美洲斑潜蝇等。

1. 农业防治

根据当地主要病虫害发生情况及重茬种植情况，有针对性的选用抗病、耐热品种；定植时采用高垄或高畦栽培，并通过控制各生育期的温湿度，减少或避免病害发生；增施充分腐熟的有机肥，减少化肥用量；清除前茬作物残株，降低病虫基数；摘除病叶，并集中进行无害化销毁。

2. 物理防治

棚内悬挂黄色粘虫板诱杀粉虱等害虫，规格25 cm×40 cm，每亩悬挂30～40块；在大拱棚门口和放风口设置40目以上的银灰色防虫网。

3. 生物防治

可用2%宁南霉素水剂200～250倍液预防病毒病，用0.5%印楝素乳油600～800倍液喷雾防治蚜虫、白粉虱。

4. 化学防治

可用25%嘧菌酯悬浮剂1 500倍液，或68.5%氟吡菌胺·霜霉威盐酸悬浮液1 000～1 500倍液，或52.5%噁酮·霜脲氰水分散粒剂2 000倍液喷雾防治霜霉病；白粉病可用10%苯醚甲环唑水分散颗粒剂2 000～3 000倍液，或43%戊唑醇水悬浮剂3 000～4 000倍液，或40%氟硅唑乳油6 000～8 000倍液，或25%嘧菌酯水分散粒剂1 500～2 000倍液防治。疫病发生初期，可用18.7%烯酰·吡唑酯水分散粒剂600～800倍液，或72%霜脲·锰锌可湿性粉剂600～800倍液，或用60%吡唑醚菌酯·代森联水分散粒剂1 000～1 500倍液喷雾防治。根腐病发病初期，可用30%噁霉灵水剂3 000～4 000倍液，或60%吡唑醚菌酯水分散粒剂1 000～1 500倍液，或50%甲基硫菌灵可湿性粉剂500倍液灌根防治。

蚜虫、白粉虱、美洲斑潜蝇可用25%噻虫嗪水分散粒剂2 500～3 000倍液，或10%吡虫啉可湿性粉剂1 000倍液，或25%噻嗪酮可湿性粉剂1 500倍液喷雾防治，也可用30%吡虫啉烟剂或20%异丙威烟剂熏杀。

第三节 秋冬黄瓜

种植茬口安排：7月底至8月上中旬播种，8月底至9月上旬定植，12月拉秧，设施为日光温室，可采用秋冬黄瓜—冬春黄瓜高效栽培模式。

一、品种选择

应选择耐低温、耐弱光、早熟、抗病、高产优质的黄瓜品种。如津绿3号、津优30、园春3号、中农26号、津优307等品种。

二、育苗

秋冬茬黄瓜多在7月中下旬播种。定植时的适宜苗龄平均为40～50 d，生理苗龄为4叶1心。播种后40～50 d进行定植。

秋冬茬黄瓜可采用催芽直播的方法。直播虽省工，但苗子分散，管理不便，而且秋季多阴雨、易患病，因此目前仍以育苗为主。育苗分为直播移栽、子叶期移栽育苗、穴盘育苗和嫁接育苗。

1. 直播移栽或子叶期移栽育苗

苗床准备：秋冬茬黄瓜育苗在高温季节，幼苗期既要克服温度过高造成幼苗生长细弱，又要在定植后适应温室的环境条件，所以不宜在露地育苗，育苗时在露地扣小拱棚作育苗畦。小拱棚宽2 m以上，高度超过1 m，用旧薄膜覆盖，四周卷起，形成凉棚，育苗畦与温室育苗相同，在地面作低畦，畦宽1 m，长5 m左右，每畦撒施过筛的优质有机肥50 kg，翻倒10 cm深，划碎土块，使粪土掺匀，耙平畦面。

直播或移栽：秋冬茬黄瓜可在育苗畦直播，也可在子叶期移植。直播：育苗畦装直径10 cm、高10 cm的营养袋若干个，浇透水，待水下渗后在每个袋中摆1粒催出小芽的种子，芽朝下，种子平放，上面覆盖1~1.5 cm厚的过筛细潮土。子叶期移植：在播种床面铺1~1.5 cm厚过筛的河沙，耙平，浇足水，把种子均匀撒播在床面上，再盖1~1.5 cm厚细沙浇透水，始终保持细沙湿润，3~4 d后两片子叶张开即可移植。可移植在营养袋中，也可由育苗畦一端开始，按10 cm行距开沟，沟内浇足水，按10 cm株距栽苗。这种方法育苗的优点是移苗时对子叶可进行选择，以使幼苗整齐一致，避免幼苗徒长。

苗期管理：直播出苗后或移植子叶出苗以后，要保持畦面见干见湿，浇水在早晨或傍晚进行，每次浇水以刚流满畦面为止，起到湿润土壤和降低地温作用。秋冬茬番茄30 d左右育有4~5片叶，株高20~25 cm的适龄壮苗。

2. 穴盘育苗

用每盘50孔或72孔的育苗盘育苗，基质选用透气性、渗水性好，富含有机质的材料，如蛭石与草炭1：1混合，每方施入50%多菌灵粉剂80~100 g、过磷酸钾1 kg、硫酸钾0.25 kg、尿素0.25 kg即可；也可将洁净沙壤土或腐质土，拌少量腐熟细粪后过筛，装于盘内，不宜装满，稍浅，把催芽后的种子放于穴内，每穴一粒，再盖上基质后浇透水，用多菌灵和杀虫剂最后喷淋一遍起杀菌杀虫作用。每亩栽苗4 000株左右，需种子80~100 g。

3. 嫁接育苗

砧木可选择黑籽南瓜或白籽南瓜，白籽南瓜前期长势较弱，晚上市10 d左右。此外，黑籽南瓜在低温条件下亲和力较高，多应用于冬春嫁接；白籽南瓜在高温条件下亲和力较高，多应用于秋冬黄瓜的嫁接。

种子处理：每亩用黄瓜种子150 g、白籽南瓜1.5 kg。播前将黄瓜种子在阳光下暴晒数小时并精选，投入50~55℃温水中，不停地搅动至水温下降到30℃以下，再浸泡4~6 h，浸泡后的种子用清水冲洗2~3遍，纱布包好，放在28~30℃的温度下催芽。催芽过程中早、晚各用30℃温水淘洗1次，经1~2 d 50%左右的种子露白即可播种。南瓜种子需投入60~70℃的热水中，来回搅拌，当水温降至30℃时，搓掉种皮上的黏液，再于30℃温水中浸泡10~12 h，捞出沥净水，在25~30℃下催芽。

苗床准备：大田土与腐熟好的有机肥按6：4比例混匀、过筛，加入40%多菌灵粉2 kg/m³，拌匀装钵或72孔育苗穴盘。

播种方法：黄瓜比白籽南瓜早播种5~7 d。种子横向平摆、上覆1.5~2 cm细土或育苗基质，浇透水后苗床盖膜。

嫁接方法：黄瓜嫁接的方法有靠接法、插接法、劈接法、拼接法等。采用靠接法，砧木挑去生长点，再用刀片在其子叶下1.2~1.5 cm处向下斜切，角度为30°，口深为茎粗的2/3左右，再用刀片将黄瓜上部距子叶约1.5 cm处向上斜切1个35°左右的口，深度也是茎粗的2/3左右。两瓜苗切好后随即把黄瓜苗和黑籽南瓜苗的切面对齐、对正嵌合插好，使切口内不留空隙。此后用塑料夹子固定好。

苗期管理：播种后室内白天温度控制在28~30℃，夜间保持15℃，土温在25℃左右，出苗后立即降温以防徒长。嫁接后白天温度保持在25~30℃，夜间保持18~20℃，相对湿度95%以上，全天遮光。3 d后逐渐降低温湿度，白天温度控制在22~26℃、相对湿度降低到70%~80%，并逐渐增加光照，4~5 d后10—15时遮光，6~7 d全天见光。10~12 d切断穗根，在断根前1 d用手指把黄瓜下胚轴接口下部捏一下，破坏维管束，减少水分疏导，使断根后生长不受影响。当嫁接苗15 d左右时喷1次百菌清800倍液防治霜霉病，同时摘掉固定夹子。定植前7 d，可降温至15~20℃。

三、定植

定植前15~20 d，每亩施用腐熟的农家肥5 000 kg、优质平衡复合肥100 kg、钙蛋白土壤调理剂500 kg、台湾味丹生态有机肥100 kg、生物菌肥100 kg，均匀撒施后深翻耙平，浇水造墒。作1.2～1.3 m的高畦，定植两行，株距25 cm，亩株数为4 100～4 400株。

四、田间管理

温光管理：秋冬茬黄瓜白天温度25～27℃，夜间14～16℃。随着天气的渐渐变冷，光照时间缩短，光照强度降低，白天23～26℃，夜间10～14℃。当连阴天来临时，要采取抗低温弱光的技术措施。适时增光和补光。用白炽灯、荧光灯等进行人工补光，改善棚内光照条件。

水肥管理：秋冬茬黄瓜定植水后9～10 d再浇1次缓苗水，当第一花穗上的果长有鸡蛋黄大小时，可进行第一次追肥浇水，进行第一次追肥，每亩追施尿素15 kg。以后每隔5～7 d灌一次小水，10～15 d追一次化肥，每亩追硫酸铵30 kg、钾肥25 kg。11月下旬后，要节制水肥，否则因地温低、根系吸引力弱，若连续阴天，易发生沤根。此时可采取叶面喷施0.2%磷酸二氢钾，达到补肥的目的。植株摘心后或结果后期，加强水肥，促进雌花形成，追肥以钾肥为主，每亩追施硫酸钾10～15 kg。

植株调整：秋冬茬黄瓜容易徒长，当植株长到6～7片真叶时要上架或绑蔓，以后每隔3～4片叶绕蔓1次。砧木萌发后侧枝时要摘除。进入结果前期要摘除卷须。中部出现的侧枝要在坐瓜前留2叶摘心，以利于坐瓜。雌花过多或涌现花打顶时要疏去部分雌花，对已分化的雌花和幼瓜也要去掉。进入结瓜后期落蔓，落蔓后每株保留18～20片绿色功能叶，其余下部老叶、病叶、黄化叶要去掉，以改善植株下部的通风透光条件，减少养分消耗以及各种病害的发生。

五、收获

根瓜尽量早采收，以防坠秧。采收初期，每3～4 d采收1次，进入盛瓜期后1～2 d采收1次，并适时疏花疏果。

六、病虫害管理

秋冬黄瓜病害以白粉病、炭疽病和蔓枯病等为主，虫害有白粉虱和蚜虫等。

白粉病可用10%世高水分散粒剂1 000～1 200倍液，或40%福星乳油4 000倍液，或99%绿颖乳油300倍液，或5%高渗腈菌唑乳油1 500倍液；每7～10 d喷施1次，连续防治2～3次。炭疽病可用68.75%噁唑菌酮·锰锌水分散粒剂800倍液，或70%代森联干悬浮剂600倍液，或30%苯庭氰乳油1 000倍液等，隔7～10 d喷施1次，连续防治2～3次。蔓枯病可用阿米西达1 500倍液或达克宁600倍液喷施防治。白粉虱和蚜虫可在温室所有通风口设置40目防虫网，温室内悬挂黄色粘虫板诱杀，也可选10%吡虫啉可湿性粉剂2 000倍液，或25%喹硫磷乳油1 000～1 500倍液，或2.5%功夫乳油2 000～3 000倍液喷雾防治。

第四节　冬春黄瓜

种植茬口安排：11月上中旬播种，12月中下旬定植，翌年2月上旬开始采收，5月下旬至6月初采收结束。设施为日光温室，可采用秋冬黄瓜—冬春黄瓜高效栽培模式。

一、品种选择

选择耐低温、弱光照、抗病性强、早熟丰产、商品性好的品种。如津绿3号、冬灵102、津优35号、博美74、津春3号、津优32、中农大22号等。

二、育苗

冬春黄瓜正值低温季节，且病虫害易发生，采用嫁接苗。砧木选择黑籽南瓜。黑籽南瓜种子休眠约120 d，故当年生产的种子发芽率低、出芽也不整齐，最好用隔一年的种子。

种子处理：每亩用黄瓜种子150 g、黑籽南瓜1.5 kg。播前将黄瓜种子在阳光下暴晒数小时并精选，投入50～55℃温水中，不停地搅动至水温下降到30℃以下，再浸泡4～6 h，浸泡后的种子用清水冲洗2～3遍，纱布包好，放在28～30℃的温度下催芽。催芽过程中早、晚各用30℃温水淘洗1次，经1～2 d约50%的种子露白即可播种。南瓜种子需投入60～70℃的热水中，来回搅拌，当水温降至30℃时，搓掉种皮上的黏液，再于30℃温水中浸泡10～12 h，捞出沥净水，在25～30℃下催芽。

苗床准备：大田土与腐熟好的有机肥按6∶4比例混匀、过筛，加入40%多菌灵粉2 kg/m³，拌匀装钵或72孔育苗穴盘。

播种方法：黄瓜比黑籽南瓜早播种5～7 d。种子横向平摆、上覆1.5～2 cm细土或育苗基质，浇透水后苗床盖膜。

嫁接方法：黄瓜嫁接的方法有靠接法、插接法、劈接法等。采用靠接法，砧木挑去生长点，再用刀片在其子叶下1.2～1.5 cm处向下斜切，角度为30°，口深为茎粗的2/3左右，再用刀片将黄瓜上部距子叶约1.5 cm处向上斜切1个35°左右的口，深度也是茎粗的2/3左右。两瓜苗切好后随即把黄瓜苗和黑籽南瓜苗的切面对齐、对正嵌合插好，使切口内不留空隙。此后用塑料夹子固定好。

苗期管理：播种后室内白天温度控制在28～30℃，夜间保持15℃，土温在25℃左右，出苗后立即降温以防徒长。嫁接后白天温度保持在25～30℃，夜间保持18～20℃，相对湿度95%以上，全天遮光。3 d后逐渐降低温湿度，白天温度控制在22～26℃、相对湿度降低到70%～80%，并逐渐增加光照，4～5 d后10—15时遮光，6～7 d全天见光。10～12 d切断穗根，在断根前1 d用手指把黄瓜下胚轴接口下部捏一下，破坏维管束，减少水分疏导，使断根后生长不受影响。当嫁接苗15 d左右时喷1次百菌清800倍液防治霜霉病，同时摘掉固定夹子。定植前7 d，可降温至15～20℃。

三、定植

定植前15~20 d，每亩施用优质圈肥5 000 kg/亩、氮磷钾复合肥（15-15-15）50 kg/亩作基肥，深翻耙平。定植前4~5 d，做成1.3 m的高畦，定植两行，株距25 cm，亩株数为4 000株左右。

四、田间管理

温度管理：定植后尽量提高温度，以利缓苗，不超过32℃不需要放风，缓苗后白天20~25℃，夜间15℃左右，揭苫前10℃左右，以利花芽分化和发育。进入结果期后，白天20~25℃，晚上10℃以上。为了促进光合产物的运输，抑制养分消耗，延长产量高峰期和采收期，实行四段变温管理：结瓜初期白天上午23~26℃，不超过30℃，下午20~22℃；前半夜15~18℃，不超过20℃，后半夜10~12℃，不低于8℃。盛瓜期白天25~32℃，不超过35℃，下午20~30℃；前半夜15~18℃，后半夜10~12℃。若遇阴天或连阴雨天气，应当降低管理温度，并保持昼夜温差，白天22~18℃，夜间10℃左右，不低于5~6℃，连阴天过长，要注意保温防寒，必要时可临时采用炉火增温。

水肥管理：定植后大水缓苗；缓苗到结瓜初期浇2水；盛瓜期水分管理5~7 d进行1次。根瓜采收前不追肥，结瓜初期需随水追肥1次浇水，每亩追施腐熟饼肥或干粪100 kg左右；根瓜采收后每亩氮磷钾复合肥10 kg左右；盛瓜期水肥管理5~7 d进行1次，每次随水追施氮磷钾复合肥20~30 kg/亩；结瓜后期每次随水追施氮磷钾复合肥15~20 kg/亩。

植株调整：缠蔓、去老叶病叶、摘卷须和落蔓，正常植株上保留13~15片功能叶片，疏瓜，摘除弯瓜，侧枝坐瓜后留1片叶摘心。

五、收获

黄瓜从播种到采收65 d，定植后30 d左右进入采收期。采收在清晨进行，收瓜时保留果柄和瓜顶端的花。

六、病虫害管理

冬春茬黄瓜主要发生靶斑病、霜霉病及细菌性病害等，虫害主要有蚜虫、白粉虱等。

靶斑病可用43%戊唑醇悬浮剂3 000倍液，或40%福星乳油8 000倍液，或40%施佳乐悬浮剂500倍液，或25%阿米西达悬浮剂1 500倍液，或25%咪鲜胺乳油1 500倍液喷雾防治，每隔7~10 d喷1次，连续喷治2~3次；发病严重的，可喷施30%硝基腐殖酸铜可湿性粉剂600~800倍液，叶面喷雾，轮换交替用药。霜霉病可用64%杀毒矾可湿性粉剂500倍液，或75%百菌清600倍液，或百菌清烟剂熏蒸防治；细菌性角斑病用30%DT杀菌剂500倍液或200单位农用链霉素防治，在发病后连喷2~3次，每次间隔5~7 d。蚜虫和白粉虱防控可在温室所有通风口设置40目防虫网，温室内悬挂黄色粘虫板诱杀，也可选用10%吡虫啉可湿性粉剂2 000倍液喷雾防治。

第十章

茄 子

第一节　秋延迟茄子

种植茬口安排：7月上旬小拱棚育苗，8月上旬定植，11月底拉秧，采用大拱棚，可用早春西瓜/甜瓜—秋延迟茄子高效栽培模式。

一、品种选择

多选用株型紧凑、生长势中等、苗期耐高温、开花结果期耐低温品种，结合当地种植习惯选购茄种，如大龙、黑将军等。

二、育苗

采用50孔穴的黑塑穴盘基质育苗，或自配营养土营养钵育苗。营养土需进行消毒后使用。6月中下旬播种，将种子进行温汤浸种和催芽处理后，播于穴盘内，每穴1粒，深度0.5～1 cm，大拱棚内覆盖遮阳网育苗，苗龄40～60 d。

茄子忌连作，因此生产上多采用嫁接苗。砧木选择托鲁巴姆，砧木比接穗早播种30 d左右，采用劈接法嫁接，嫁接后注意温湿度的管理。需遮阴处理，温度以25℃左右为宜，湿度以70%左右为宜。

三、定植

定植宜在傍晚进行，采用起垄栽培的模式，以栽培垄宽45～

50 cm，操作行55～60 cm为宜。在定植穴内施入生物菌肥，定植时不宜太深，避免嫁接口接触地面，浇透定植水。秋季棚室内光照不理想，茄子又喜光，因此建议稀植，为1 200～1 600株/亩。

秋延迟茄子在定植后覆盖地膜，要用土将定植穴薄膜口压严压实，避免热气直接喷出烫伤植株。

四、田间管理

整枝打杈：茄子采用双干法进行整枝，茄子的分枝结果比较规律，以二杈分枝为主，主干结果。门茄采收后，摘除下部老叶，待对茄形成后剪去向外的两个侧枝，形成向上的南北双干。当植株长到60～70 cm时，开始吊蔓。此外，打掉对茄以下侧枝，将上面的旺枝留1个芽，打掉生长点，准备侧枝结果。

水肥管理：定植时浇足定植水后，至门茄"瞪眼"（茄子长5～6 cm，粗3～4 cm）之前，土壤不旱不浇水，尽量不施肥，以免引起植株徒长，造成落花落果。"瞪眼"期过后，浇水、施肥。每次浇水后，要通风排湿，减少病害发生。

防落花落果：可采用2，4-D喷施或蘸花，浓度为20～40 mg/kg，或者选用对氯苯丙氨酸（PCPA）喷施或蘸花，浓度为40～50 mg/kg。

五、收获

茄子果实达到商品标准时采收上市。采收茄子可延迟至12月。最后一次采收茄子可适当延迟7～10 d上市，增加收益。严冬季节到来前采收完毕。

六、病虫害管理

茄子病害有茎基腐病、叶霉病、黄萎病、疫病等，虫害有烟粉虱、蓟马、蚜虫等。

1. 农业防治

选用抗病、抗逆品种；定植时采用高垄或高畦栽培，并通过放风、地面覆盖等措施，控制各生育期的温、湿度，减少或避免病害发生；增施充分腐熟的有机肥，减少化肥用量。

2.物理防治

在大拱棚门口和放风口设置40目以上的银灰色网防虫网，悬挂黄板（蓝板）诱杀蚜虫等。

3.生物防治

采用捕食性天敌如七星瓢虫等捕食蚜虫，可降低瓜蚜的虫口密度。

4.药剂防治

秋延迟茄子容易发生的病害有茎基腐病、叶霉病、黄萎病、疫病、褐纹病、菌核病等。猝倒病、立枯病防治可用噁霉灵1 500~2 000倍液喷施，叶霉病、灰霉病可用50%速克灵1 000倍液，或50%扑海因1 000倍液，或70%百菌清可湿性粉剂600~800倍液，交替使用，每隔5~7 d喷施1次，连续喷3~4次；烟粉虱防治可采用吡虫啉1 500倍液或甲基阿维1 500倍液进行喷施防治；蚜虫可用25%噻虫嗪水分散粒剂2 500~3 000倍液，或10%吡虫啉可湿性粉剂1 000倍液，或25%噻嗪酮可湿性粉剂1 500倍液喷雾防治，也可用30%吡虫啉烟剂，或20%异丙威烟剂熏杀。

第二节　秋冬茄子

种植茬口安排：6月下旬至7月上旬播种育苗，8月上中旬定植，11月中旬至12月中旬上市，日光温室种植，采用秋冬茄子—早春芸豆高效栽培模式。

一、品种选择

选择具有耐低温、耐弱光、抗病、高产、商品性好等适合温室栽培的专用品种，主要有765、超亮紫光、黑龙长茄、布利塔、大龙长茄、黑珊瑚、紫阳长茄和天津快圆茄子等。

二、育苗

秋冬茬茄子育苗分为常规育苗和嫁接育苗。常规育苗包含营养钵、穴盘育苗和普通苗床育苗；嫁接育苗分为贴接法、靠接法、套接等育苗方法。

育苗基质准备：常用有田园土、草炭、蛭石与珍珠岩3：1：1（体积比，下同）、金针菇渣与菜园土2：1、草炭：牛粪：蛭石＝1：1：1等。用代森锌60 g/m³，药土拌匀后用塑料薄膜盖3 d，撤薄膜待药味散尽后即可使用，或加50%多菌灵可湿性粉剂0.2 kg/m³，进行基质灭菌消毒。此外，每方基质加氮磷钾复合肥（15-15-15）1~1.5 kg。

嫁接育苗常用砧木有托鲁巴姆、赤茄和CRP。赤茄易发芽，苗期长得快，播种时间以当地自根茄育苗时间向前推10~15 d即可；托鲁巴姆发芽慢，幼苗初期生长慢，播种时间以当地自根茄育苗时间往前推30~45 d即可。

种子处理：播种前茄子砧木和自根茄种子采用55℃的温水浸种15 min后，常温下再浸泡4 h，将种子沥干后催芽，或用0.1%高锰酸钾溶液浸种10 min，用清水冲净后催芽。催芽温度28~30℃。

播种与管理：当催芽种子70%以上露白即可播种，先将穴盘或苗床浇透水，播种后覆盖基质或细土0.8~1.0 cm。砧木苗管理白天温度控制在30~32℃，夜间18~20℃；50%种子顶土时揭去地膜，白天气温控制在25℃左右，夜间14~16℃。穗出苗前，白天25~30℃，夜间15~18℃。50%种子出土后管理同砧木。水分以适当控水防徒长为原则，基质或土壤要求见干见湿，浇水后注意放风排湿，空气湿度控制在60%~70%。后期可用0.2%磷酸二氢钾溶液进行叶面喷施。当茄苗7~9片真叶，门茄现花蕾开始定植。嫁接要求砧木苗长到5~7片真叶，接穗苗长到4~6片时开始嫁接。如贴接法，先将砧木保留两片真叶，去掉下部，再削成30°角斜面，斜面长1~1.5 cm；取来接穗，保留2~3片真叶，横切去掉下端，也削成与砧木大小相同的斜面，二者对齐、靠紧，用固定夹子夹牢即可。嫁接后3~5 d内白天应控制在24~26℃，最好不超过28℃；夜间保持在20~22℃，不要低于16℃，相对湿度控制在90%~95%，要全部遮光。3~5 d，开始放风，逐渐降低温度，相对湿度85%~90%，逐渐见光。10~15 d接口全部愈合好，撤掉固定夹子，恢复日常管理，待定植。

三、定植

定植前30 d左右，每亩施充分腐熟的优质圈肥5 000~8 000 kg、磷酸二铵25 kg、硫酸钾复合肥50 kg、硫酸锌1 kg、硫酸镁1 kg、钙肥25 kg，混合均匀一次性施入。深翻30 cm，整畦作垄，垄底宽40 cm，高10~15 cm，垄和垄沟均覆盖地膜。定植前10 d左右，揭开地膜，放出有害气体。

秋冬茬茄子定植时间在8月25日至9月10日，定植同样采用宽窄行起垄、地膜覆盖的方法，采用南北向大小行小高垄，大行行距90 cm，小行行距70 cm，株距35~40 cm。定植前在垄上开沟放水，定植时按株距35~40 cm带水栽植，待水渗下后封沟覆盖地膜。也可在定植穴内施入生物菌肥激抗菌968等。每亩栽植2 200~2 500株。

四、田间管理

温度管理：缓苗后至深冬前白天温度控制在26~30℃，夜间15~18℃，白天棚温达25℃时要进行通风。从定植到茄子上市，需要45 d左右，此期昼夜温差正好利于茄子生长，白天应保持25~28℃，夜间15~16℃。

水肥管理：定植时浇足底水，缓苗期可不浇水。缓苗浇水后，要开始蹲苗，措施上要多锄、少浇，中耕2次以上，第一次要浅，划破表层2～3 cm即可，从第二次开始要深、细，遵循近根浅、远根深的原则，深度可达5 cm以上。缓苗后喷施4 000～5 000 mg/kg的矮壮素或助壮素，促使壮秧早结果。深冬季节植株表现有缺水现象时，在10时左右，在小行间于地膜下浇水，浇水量要小。门茄坐住后，结合浇水追一次肥，每亩追施氮磷钾复合肥15 kg。门茄"瞪眼"（茄长5～6 cm、粗3～4 cm）之前，土壤不旱不浇水，尽量不施肥，以免引起植株徒长，造成落花落果。"瞪眼"之后，应浇水、追肥，追施尿素10～15 kg/亩。进入盛果期，8～10 d浇1次水，结合浇水每隔16～20 d追肥1次，施用尿素13～15 kg/亩和硫酸钾10 kg/亩。结合喷药可用0.2%的磷酸二氢钾或尿素进行叶面追肥。

植株调整：茄子可采取双秆整枝也可以单秆一边倒整枝。每秆上留15片左右的功能叶即可。茄门茄坐果后将门茄以下的侧枝全部去掉，结果后期摘除植株底部的老叶、黄叶、病叶等，改善通风透光条件，减少养分消耗和病虫害的发生传播。为防止因低夜温、授粉受精不良而引起的落花落果，用30～40 mg/kg坐果灵处理花朵或20～30 mg/kg的2，4-D蘸花或涂抹花柄。

五、收获

门茄应适时采收，防止坠秧。采收标准：萼片与果实相连接部位的白色（淡绿色）环状带（俗称茄眼）不明显，表明果实生长转慢，可采收。采收在早晨进行。

六、病虫害管理

秋冬茬茄子主要病害有苗期猝倒病、立枯病、成株期褐纹病、灰霉病和炭疽病等，虫害有白飞虱、蚜虫等。

猝倒病和立枯病可选用70%代森锰锌500倍液，或64%杀毒矾

500倍液，每7~10 d喷1次，喷施1~2次；褐纹病可用50%甲霜铜可湿性粉剂500倍液，或58%甲霜灵·锰锌可湿性粉剂400倍液，或64%杀毒矾可湿性粉剂500倍液，每7~10 d喷1次，连喷2~3次；灰霉病可用50%利霉康可湿性粉剂1 000倍液，或50%多霉清可湿性粉剂800倍液，或50%速克灵可湿性粉剂1 000倍液喷防，连喷2~3次，炭疽病可用120%唑菌胺酯水分散粒剂1 500倍液+70%代森锰锌可湿性粉剂600~800倍液，或20%苯醚·咪鲜胺微乳剂2 500~3 500倍液，或30%苯噻硫氰乳油1 000~1 500倍液+70%丙森锌可湿性粉剂700倍液，或5%亚胺唑可湿性粉剂800~1 000倍液+75%百菌清可湿性粉剂600倍液喷雾，视病情隔7~10 d喷药1次。蚜虫和白粉虱可用5%蚜虱净2 000倍液，或50%克蚜宁乳油1 500倍液，或2.5%天王星乳油2 000倍液等喷雾防治。

第三节　拱棚茄子

种子茬口安排如下。

①大拱圆棚实行三膜一苫（大棚外膜、二膜、小拱棚膜及小拱棚上覆草苫）覆盖的可于10月中旬于日光温室内播种砧木，11月下旬播种接穗，2月下旬至3月上旬定植。

②三膜覆盖（大棚外膜、二膜、小拱棚膜）的可于10月下旬于日光温室播种砧木，12月上旬播种接穗，3月上旬至3月中旬定植。

③双膜覆盖（大棚外膜、二膜或小拱棚膜）的可于11月中旬播种砧木，12月下旬播种接穗，3月中旬至3月下旬定植。

④单层覆盖的可于12月上旬播种砧木，1月中旬播种接穗，4月上旬定植。

一、品种选择

大拱圆棚茄子栽培一般实行嫁接育苗。砧木品种必须高抗根部病害，与接穗品种亲和力好；接穗品种要耐热、抗病、品质好、产量高、商品性好，符合市场需求。

二、育苗

宜选择日光温室，加温并铺地热线育苗，每亩需砧木种子3～4 g，接穗种子15 g，砧木托鲁巴姆发芽困难，幼苗出土后，初期生育较慢，嫁接育苗要比接穗提早35～40 d播种。先用200 mg/kg赤霉素液浸种12 h，捞出后将其播于平底盘中。在平盘底部铺一层育苗基质，厚度约为5 cm，再将砧木种子均匀的播于平盘内，种子间距为1.5～2 cm，播好后再盖上0.5 cm厚细沙。将浸好的种子放入催芽设施里，催芽前5 d控制温度为30～32℃，5 d后降至28～30℃。

接穗比砧木晚播35～40 d。浸种时，先将种子倒入65℃左右的热水中杀菌，并不断搅拌，待水温降至30℃时，浸泡6 h左右。将种子清洗后用湿纱布包好，置于30℃左右环境中催芽，每天用清水淘洗1次。

当60%～70%的种子露白后播于平盘内，盘内装3 cm厚育苗基质，种子间距为1.5～2 cm。

播好后覆盖0.8 cm厚细沙，错开叠盘放入催芽室里催苗，保持催芽温度28～30℃。

三、田间管理

1. 出苗至分苗前期管理

苗拱土后将苗盘单摆于苗床，扣小拱棚保温；从苗出土至出现真叶，白天温度保持在25～28℃，夜间温度保持在13～18℃；从真叶出现至分苗前一周，白天温度保持在26～30℃，夜间温度保持在16～20℃。分苗前一周将管理温度降低，进行炼苗，白天温度保持在23～25℃，夜间温度保持在15～18℃。

2. 苗期水肥管理

苗床可浇水溶性肥料（N：P_2O_5：K_2O=20：10：20）配制的营养液，浓度为800 mg/L，保持苗床见干见湿。

3. 分苗管理

当苗长到1～2片真叶时，选晴天上午进行分苗，将幼苗分到50孔装营养基质的穴盘中。

白天温度保持在25～30℃，夜间温度保持在15～20℃。定植前一周进行炼苗，白天温度保持在23～28℃，夜间温度保持在15～18℃；苗床可浇800 mg/L的水溶性肥料（含N：P_2O_5：K_2O=20：10：20）营养液，保持苗床见干见湿。

4. 嫁接

当砧木苗长到6～7片叶、接穗苗5～6片叶时，采用劈接法进行嫁接。具体方法是：在砧木第3片叶半木质化处用刀片平切去掉头部即留砧木桩高3～4 cm；然后在砧木切面中间上下垂直切入1 cm深切口；再削接穗，将接穗留2叶1心，削成1 cm长楔形，迅速插入砧木切口，对齐后用嫁接夹固定，放入塑料拱棚内，进行保湿遮阴管理。

嫁接后管理：嫁接头3 d晴天全遮光，不通风，空气湿度保持在95%以上，温度保持在25～28℃。嫁接3 d后可于早晚见弱光，并进行短时通风，以后逐渐增加见光及通风时间，直至苗成活。嫁接7～8 d后可浇一次保利丰等优质肥水，嫁接15 d后进行炼苗，去掉嫁接夹，炼苗5～7 d后定植。

5. 定植

定植前先按每亩铺施腐熟有机肥4 000～5 000 kg，氮、磷、钾（15-15-15）三元复合肥50 kg，深翻地30 cm，搂细耙平后顺棚向作畦，畦宽1.5 m，呈马鞍形。长度视棚长度而定，一般在25～35 m，过长不利于浇水。

选晴天上午栽苗。每畦于畦中间栽2行，2行间距50～60 cm，株距50 cm，呈三角形掉角栽植，密度为每亩1 500～1 800株。实行2秆整枝的可取密度上限，采取3秆整枝的可取密度中间，采取4秆整枝的可取密度下限。

栽植前开浅沟，顺沟放水，按株距放苗，水渗后封沟。栽植深度以埋住苗坨顶部上1～1.5 cm为宜，不宜过深或过浅。

缓苗期温度管理，此期尽可能提高温度，白天保持在25～30℃，夜间15～20℃；缓苗后至门茄坐住温度管理白天温度控制在23～28℃，夜间温度控制在15～18℃；门茄坐住后温度管理白天保持在25～30℃，夜间15～20℃。

6. 水肥管理

大拱圆棚茄子各生育阶段水肥管理措施如下。

定植3～4 d后结合中耕将畦中间扶成小高垄，垄高约10 cm，垄扶好后顺沟紧跟一水；缓苗后加强中耕松土，保持土壤见干见湿；开花期至门茄坐住此期一般不浇水；门茄坐住后随浇水追肥，每亩冲施氮、磷、钾复合肥（15-15-15）20～25 kg。

结果期水肥管理具体为：浇水视土壤湿度浇水，一般间隔时间为8～15 d。前期气温低，间隔时间可长，中后期气温升高，间隔时间可短，原则是保持小沟土壤湿润又不会沤根；追肥可无机肥与腐熟的饼肥等有机肥交替使用，有机肥用量为每亩每次冲施80～100 kg，无机肥用量为每亩每次冲施15～20 kg。每水追肥，间隔时间长时施肥可取高限，间隔时间短时施肥可取低限。当四母斗果膨大时，每亩在原施肥基础上加追7～10 kg尿素。

整枝实行2～4秆整枝。门茄下的侧枝全打掉，门茄上的侧枝花后留一片叶摘心。及时打掉老、黄、病叶及无效枝。

四、采收

当萼片与果实相连处的白色环状带不明显时，即可采收。采收所用工具要保持清洁、卫生、无污染。采摘要及时，并检测、分级、包装上市。

五、病虫害防治

按照"预防为主，综合防治"的植保方针，坚持"以农业防治、物理防治、生物防治为主，化学防治为辅"的无害化防治原则。

农业防治选用抗（耐）病虫、优质、高产良种，实行嫁接及轮作，高温闷棚、微滴灌等农艺措施。

物理防治应用防虫网，在棚的所有进出口及放风口封30～40目防虫网；悬挂硫黄熏蒸器杀菌，棚内悬挂硫黄熏蒸器，每亩安放6～7个黄板诱杀害虫，棚内悬挂黄色粘虫板诱杀白粉虱、蚜虫、斑潜蝇等害虫，每亩悬挂20 cm×30 cm大小的粘虫黄板30～40片。

生物防治利用丽蚜小蜂、蚜茧蜂等天敌防虫；用藜芦碱、苦参碱、印楝素等植物源农药和齐墩螨素、农用链霉素、新植霉素等生物源农药防病。

药剂防治猝倒病、立枯病每方基质配100 g 50%多菌灵WP，出苗前向畦面喷洒2.5%适乐时SC1 500倍液或96%噁霉灵WP3 000～6 000倍液，出苗后喷洒0.15%四霉素WP600倍+60%百泰WG1 500倍混合溶液，5～7 d 1次，嫁接前1 d喷1次药。发现病株后及时拔除，并用10%石灰水及时进行消毒；灰霉病用25%嘧菌酯WG1 500倍液、40%嘧霉胺WG1 000倍液、奥力克霉止500倍液、50%氯溴异氰尿酸AS1 000倍液等喷雾防治。绵疫病用55%杜邦升势WP1 000倍液+可杀得3000WP800倍液、0.15%四霉素AS800倍液、68.75%杜邦易保WG1 000倍液+72%克露WP800倍液等防治。褐纹病用10%苯醚甲环唑WG3 000倍液、80%代森锰锌800倍液等喷雾防治。

枯萎病、黄萎病采用嫁接育苗和轮作是防治此病最有效的方法。药剂防治可用96%噁霉灵WP3 000～6 000倍液、10%世高WG3 000倍液等喷雾防治。病毒病首先要防白粉虱和蚜虫等，预防昆虫传播。防治可用50%氯溴异氰尿酸AS1 500倍液或20%盐酸吗啉胍·铜WP600倍液+2%的宁南霉素水剂500倍液+2%氨基寡糖素500倍液。白粉虱、蚜虫、潜叶蝇用50%吡蚜酮WG5 000倍液、25%噻虫嗪WG2 000倍液、0.3%苦参碱乳油500倍液等防治。蓟马用50%吡蚜酮WG5 000倍液、25%啶虫脒WG3 000倍液、2.5%菜喜WG2 000倍液等喷雾防治。红蜘蛛、茶黄螨可用5%卡死克EC2 000倍液、哒螨灵系列农药、73%克螨特EC1 000倍液等防治。上述病虫害防治用药一般5～7 d 1次，连防2～3次。注意交替用药，以免产生抗药性。

第十一章

辣　椒

第一节　露地辣椒

种植茬口安排：2月下旬至3月上旬小拱棚育苗，4月中下旬定植，8月底至9月初收获鲜椒出售，9月底收获干椒，可采用大蒜—辣椒—玉米、洋葱—辣椒—玉米高效栽培模式。

一、品种选择

选择耐热性强、抗病性突出、产量高、品质好的中晚熟品种，同时考虑品种的加工特性，要求果实颜色鲜红、加工晒干后不褪色，有较浓的辛辣味，果肉含水量小、干物质含量高等特点。目前生产上普遍选用的普通椒品种有英潮红4号、金塔系列辣椒品种、德红1号、世纪红、金椒、干椒3号、干椒6号等，朝天椒品种有日本三樱椒、天宇系列、红太阳系列等辣椒品种。

二、育苗

辣椒的苗龄为50～60 d，华北地区最佳育苗期为2月下旬至3月上旬。可在麦田就近采用阳畦育苗。育苗地点选择在地势开阔、背风向阳、干燥、无积水和浸水、靠近水源的地方，苗床土要求肥沃、疏松、富含有机质、保水保肥力强的沙壤土。准备育苗土：土壤和腐熟有机肥比例为6∶4，每方育苗土加入草木灰15 kg、过磷酸钙1 kg，经过堆沤腐熟后均匀撒在苗床上，厚度1~2 cm，整细整平。播种前，将种子用55℃的温水浸泡15 min，并不断搅动，水温下降后继续浸泡8 h，捞出漂浮的种子。将浸种完的种子，用湿布包好，放在25~30℃条件下，催芽3~5 d。当80%的种子"露白"时，即可播种。播种时浇1遍透水，播种要求至少3遍，以保证落种均匀。覆土要用细土，厚度为5~10 mm。为便于掌握，可在床面上均匀放几根筷子，覆土，至筷子似露非露时即可。覆完土后盖地膜，接着覆盖棚膜，膜上加盖草苫。

播种10 d左右后，出苗率达50%时揭掉棚膜。育苗期，每天太阳出来后揭苫，日落前盖苫。选择无风、温暖的晴天，利用中午时间拔除杂草。定植前10 d左右逐步降温炼苗，白天15~20℃，夜间5~10℃，在保证幼苗不受冻害的限度下尽量降低夜温。苗床干时需浇小水。幼苗叶色浅黄时，可酌情施用磷酸二氢钾等叶面肥。育苗后期需放风降温和揭膜炼苗。定植前2 d浇透苗床，以利移苗。育苗期间注意防治猝倒病、立枯病，可用72.2%普力克水剂400~600倍液或72%克露可湿性粉剂500~800倍液防治，也可在苗床喷洒安克。

三、定植

在4月中下旬应于10 cm地温稳定在15℃左右时及早进行。在预留的套种行内定植（隔3行大蒜种1行辣椒），朝天椒每穴两株，穴距25 cm，密度7 500株/亩左右；普通加工型辣椒每穴1株，株距25 cm，密度为4 000株/亩左右。

定植时选用辣椒壮苗，辣椒壮苗的标准是苗高20~25 cm，茎秆粗壮、节间短，具有6~8片真叶、叶片厚、叶色浓绿，幼苗根系发达、白色须根多，大部分幼苗顶端呈现花蕾，无病虫害。辣椒茎部不定根发生能力弱，不宜深栽，栽植深度以不埋没子叶为宜。栽苗时大小苗要分级，剔除病弱苗，老化苗。定植后要立即浇定植水，随栽随浇。

四、田间管理

定植后管理：定植后浇缓苗水。浇水后，要中耕松土，增加地温，保持土壤水分，促进根系生长。缓苗后，适当控制水分，促使根系深扎，达到根深叶茂。蹲苗的时间长短，要视当地气候条件而定。

定植后到结果期前的管理：此时管理的重点是发根。生产上，除增施有机肥、经常保持适宜的土壤含水量外，灌水及降水后，应中耕破除土壤板结。

结果初期管理：当大部分植株已坐果，开始浇水。此时植株的茎叶和花果同时生长，要保持土壤湿润状态，不追肥。选用朝天椒类型的品种应在盛花期过后，追施高氮、高钾、低磷水溶性复合肥20～30 kg/亩，随水冲施。

盛果期管理：为防止植株早衰，要采收下层果实，并要勤浇小水，保持土壤湿润，每10～15 d追施1次水溶性复合肥10～20 kg/亩，以利于植株继续生长和开花坐果。

后期管理：9月以后，进入辣椒果实成熟期，可适当喷施叶面肥。喷施叶面肥的时间应选在上午田间露水已干或16—17时，以延长溶液在叶面的持续时间。喷洒叶面肥时从下向上喷，喷在叶背面，以利于其吸收，提高施肥效果。

其他管理：包含徒长苗管理、植株调整、培土等。

徒长椒田管理：盛花后用矮丰灵、矮壮素等药喷洒，深中耕，控徒长。

植株调整：门椒现蕾时应去除，同时把门椒以下的侧枝打掉，不结果的无效枝也要去掉。当朝天椒植株长有12～14片叶时，摘除朝天椒的顶芽，也可在椒苗主茎叶片达到12～13片时，摘去顶心，促使辣椒早结果，多结果，保证结果一致，成熟一致。

培土成垄：在雨季到来、植株封垄以前，应对辣椒植株进行培土。培土时要防止伤根。培土后浇水，促进发秧，争取在高温到来之前使植株封垄。

高温雨季管理：重点是要保持土壤湿润，浇水要勤浇、少浇，宜在早晨或傍晚进行。在雨季来临之前，要疏通排水沟，使雨水排出。进入雨季，浇水要注意天气预报，不可在雨前2～3 d浇水，防止浇水后遇大雨。暴晴天骤然降雨，或久雨后暴晴，都容易引起植株萎蔫。因此，雨后要排水，增加土壤通透性，防止根系衰弱。

五、收获

辣椒果实作为鲜椒出售的，在8月底至9月初，成熟果达到1/4以上时开始采摘，以后视红果数量陆续采摘。采收时要采取整个果实全部变红的辣椒，去除病斑、虫蛀、霉烂和畸形果后出售。

出售干椒的，可在霜前7～10 d连根拔下在田间摆放。摆放时将辣椒根部朝一个方向，每隔7～10 d上下翻动1次。在田间晾晒15～20 d后，拉回码垛。椒垛要选地势高燥、通风向阳的地方。垛底用木杆或作物秸秆垫好，码南北向单排垛，垛高1.5 m左右，垛间留0.5 m以上间隙，每隔10 d左右翻动1次。雨天用塑料膜或防雨布遮盖，雨停后撤去遮盖物，保证通风。晾晒翻动时不要挤压、践踏，不能用钢叉类利器翻动，以免损伤辣椒果实，造成霉烂。当辣椒逐渐干燥，椒柄可折断、摇动时有种子响动声、对折辣椒有裂纹、果实含水量17%左右时，即可进行采摘，分级销售。在采摘、包装、运输、销售过程中应注意减少破碎、污染，以保证辣椒品质。

六、病虫害防治

辣椒主要的病害有苗期猝倒病，生长期病毒病、炭疽病、灰霉病等，虫害有棉铃虫、蚜虫等。

猝倒病：苗期喷施0.2%磷酸二氢钾液或0.1%氯化钙液提高幼苗抗病力；发病初期喷75%百菌清可湿性粉剂400倍液，或甲基托布津可湿性粉剂800～1 000倍液，或64%杀毒矾400～500倍液，隔7～10 d喷1次，视病情程度防治2～3次。

病毒病：种子和苗床消毒。采用1%的高锰酸钾溶液浸种30 min或用10%磷酸三钠溶液浸种20 min，用清水冲洗干净，再催芽或直接播种。床土消毒可用福尔马林（40%的甲醛）加水配成100倍液喷洒床土，1 kg福尔马林可处理5 000 kg床土，喷后用薄膜密闭7 d；在蚜虫发生初期，用20%吡虫啉可溶剂6 000～8 000倍液或高效氯氰菊酯6 000倍液喷雾；发病前或发病初期，用菌毒杀星（高浓度）3 000倍液，或20%病毒克星400倍液，或20%病毒A可湿性粉剂700～1 000倍液喷施预防，每隔7～10 d喷1次，连喷2～3次。

炭疽病：发病初期摘除病叶病果，然后喷药。可喷75%百菌清可湿性粉剂600倍液，或57.6%冠菌清干粒剂1 000～1 200倍液，或50%多菌灵可湿性粉剂500倍液，或80%炭疽福美可湿性粉剂800倍液，或70%代森锰锌可湿性粉剂500倍液，或70%甲基硫菌灵可湿性粉剂800倍液，每隔7～10 d喷1次，连喷2～3次。

灰霉病：可喷洒50%益得可湿性粉剂500倍液，或50%腐霉利可湿性粉剂1 500倍液，或60%灰霉克可湿性粉剂500倍液，或60%多菌灵超微粉600倍液，或40%灰霉菌核净悬浮剂1 200倍液，或50%甲基硫菌灵可湿性粉剂1 000倍液，每隔7～10 d喷1次，视病情连续防治2～3次。

枯萎病：苗期或定植前喷施50%多菌灵可湿性粉剂或70%甲基硫菌灵可湿性粉剂600～700倍液；发病初期用50%琥胶肥酸铜可湿性粉剂600倍液，或50%多菌灵可湿性粉剂500倍液，或70%甲基硫菌灵可湿性粉剂600倍液，或14%络氨铜水剂300倍液灌根，每隔5 d灌1次，连灌2～3次。田间喷洒50%多菌灵可湿性粉剂500倍液或40%多·硫悬乳剂600倍液等药剂。

青枯病：每亩施熟石灰粉100 kg，使土壤呈中性或微酸性，能有效抑制该病的发生。在发病初期可选用72%农用硫酸链霉素4 000倍液，或77%可杀得可湿性粉剂500倍液，或50%代森锌可湿性粉剂1 000倍液，或50%琥胶肥酸铜可湿性粉剂500倍液灌根，每10 d 1

次，连灌3~4次。

棉铃虫：在辣椒果实开始膨大时开始用药，每周1次，连续防治3~4次。可用2.5%功夫乳油5 000倍液，或20%多灭威可湿性粉剂2 000~2 500倍液，或5%定虫隆乳油1 500倍液，或1%甲维盐1 500倍液。

蚜虫：每亩可用2%绿星乳油50~90 mL，或1.8%阿维菌素乳油、5%阿锐克乳油、5%氯氰菊酯乳油、2.5%溴氰菊酯乳油、25%阿克泰乳油25 mL，或0.5%印棟素可湿性粉剂35~50 g，或10%吡虫啉可湿性粉剂、50%抗蚜威可湿性粉剂35 g，或25%吡嗪酮可湿性粉剂16 g，加水50 L喷雾。可按药剂稀释用水量的0.1%加入洗衣粉或其他展着剂，以增加药效。

甜菜夜蛾：于幼虫3龄前喷洒90%晶体敌百虫1 000倍液，或5%抑太保乳油3 500倍液，或20%灭幼腮1号胶悬剂1 000倍液，或44%速凯乳油1 500倍液，或2.5%保得乳油2 000倍液，或50%辛硫磷乳油1 500倍液。

第二节　秋延迟辣椒/甜椒

种植茬口安排：6月（5月）上中旬辣椒育苗，7月（6月）中下旬辣椒定植，9月底至10月初辣/甜椒上市，12月拉秧，设施为大拱棚，可采用早春西瓜—秋延迟辣/甜椒高效栽培模式。

一、品种选择

选择抗病毒病强的辣/甜椒品种，辣椒品种可以选择喜洋洋、美瑞特等；甜椒品质可以选择红方、爱迪等。

二、育苗

在前茬西瓜收获后，即开展辣椒育苗工作。根据品种特性及气候条件，从播种到定植需40～50 d，秋延迟甜椒播种育苗时间约在5月15日，定植时间在6月25—30日；辣椒播种育苗时间约在6月5日，定植时间在7月15—20日。辣/甜椒苗可以采用直播苗，也可采用嫁接苗。嫁接砧木应选择抗性强、长势旺、与接穗亲和性好的品种，采用劈接法，嫁接后30 d即可定植。苗期温度管理中，日温控制在23～28℃，夜温控制在15～18℃，定植前7 d控水促根，定植前1 d浇水。

三、定植

前茬西瓜收获后，撒施腐熟有机肥或商品有机肥后（也可在闷棚后施用），整地、翻耕，可使用威百亩25～40 kg/亩或者福气多1 kg/亩，浇足水，用透明薄膜将土壤完全封闭，同时将大拱棚完全封闭，进行闷棚，时间约30 d。闷棚后，根据地块保水性能，确定开沟或平畦种植。保水性能好的地块，建议开沟定植；保水性能不好的地块建议平畦定植，以利于水分与根系较多接触。

定植前，为防治辣/甜椒苗期病害并促进生根，使用药剂，对定植苗进行药剂蘸根处理，以防治立枯病。根据不同品种确定定植密度900～1 100株/亩。

四、田间管理

遮阴：因定植辣/甜椒时，正逢高温高湿的夏季，为避免辣椒苗徒长，需采取遮阴措施。可采取的措施有使用遮阳网、喷降温剂或泥浆或墨汁等。立秋前后撤掉遮阴棚室。

吊蔓、整枝打杈：当株高为50～60 cm时，约2个结果枝时，开始进行吊蔓。到坐果后6～8个结果枝时，及早抹去第一分杈下的所有侧枝，以促进上部枝叶生长和开花结果。剪除无果枝等，四门斗以上的生长弱的侧枝要尽早摘除，以通风、透光。

温度管理：辣椒发芽适宜温度为20～25℃；营养生殖阶段适

宜温度日温为20~25℃，夜温为15~18℃，能忍受的最低温度为15℃，最高温度为32℃；开花坐果期适宜日温为26~28℃，夜温为18~20℃。8月下旬至9月下旬进入花期，此期是能否坐住果和提高坐果率的关键时期，对产量影响较大，应加大通风量。通风效果好，落花落果少，坐果率也越高。大拱棚两侧通风口，在白露过后关闭；大拱棚顶通风口，在寒露过后关闭。当外界气温降至15℃以下时，夜间应把棚膜盖严，仅白天通风。当外界气温降至5℃以下时，棚内加盖拱棚，防止受冻。

水肥管理：坐果后，当辣/甜椒长度2~3 cm时，浇水1次，并随水冲施水溶性肥料，5~6 kg。其后，保持土壤见干见湿，每次采摘后浇水1次，随水冲施水溶性肥料5~6 kg。

五、收获

辣/甜椒门椒要及时采收，防止坠秧。以后的果实等到长到果型最大、果肉开始加厚时采收，若植株生长势弱，要及早采收。

六、病虫害管理

辣/甜椒病害有疫病、病毒病、炭疽病等，虫害有蚜虫、菜青虫、甜菜夜蛾等。

1. 农业防治

选用抗病、抗逆品种；定植时采用高垄或高畦栽培，并通过放风、地面覆盖等措施，控制各生育期的温、湿度，减少或避免病害发生；增施充分腐熟的有机肥，减少化肥用量。

2. 物理防治

在大拱棚门口和放风口设置40目以上的银灰色防虫网，悬挂黄板诱杀蚜虫等。

3. 生物防治

用0.5%印楝素乳油600~800倍液喷雾防治蚜虫、粉虱等。

4. 药剂防治

苗期主要以预防为主。可喷施72%杜邦克露500～600倍液，或64%杀毒矾500～600倍液，或25%甲霜灵可湿性粉剂500倍液，每隔7～10 d喷施1次，连续喷施2～3次，交替使用，防治疫病。可喷施20%病毒A可湿性粉剂400～500倍液，或1.5%植病灵乳油1 000倍液，每隔7～10 d喷1次，共喷3次，防治病毒病。发病初期可用70%甲基硫菌灵可湿性粉剂800倍液，或70%代森锰锌可湿性粉剂500倍液，或炭疽福美500倍液，每隔7～10 d喷施1次，连续喷施2～3次，交替使用，防治炭疽病。可用50%腐霉利可湿性粉剂1 500倍液或50%噻菌灵可湿性粉剂1 000～1 500倍液等喷施，选用腐霉利、百菌清、疫霉净等烟剂进行烟熏处理，每隔7～10 d喷施（熏）1次，连续喷施2～3次，防治灰霉病。

蚜虫可用25%噻虫嗪水分散粒剂2 500～3 000倍液，或10%吡虫啉可湿性粉剂1 000倍液，或25%噻嗪酮可湿性粉剂1 500倍液喷雾防治，也可用30%吡虫啉烟剂或20%异丙威烟剂熏杀；菜青虫、小菜蛾、甜菜夜蛾等可用2.5%多杀霉素悬浮剂或20%虫酰肼悬浮剂1 000～1 500倍液喷雾防治。

第十二章

白 菜

第一节　早春白菜

种植茬口安排：12月中旬播种育苗，1月中下旬定植，3月下旬至4月初收获，设施为大拱棚，可采用早春白菜—越夏黄瓜/番茄—秋延迟芹菜高效种植模式。

一、品种选择

选择抗病、耐冷、不易抽薹，且优质、高产、适合市场需求的品种，如菊锦、强春、强势、鲁春白1号等。

二、育苗

采用穴盘育苗。基质配方可用草炭：蛭石：珍珠岩=5：3：1（体积比），或发酵牛粪：稻壳：珍珠岩=2：1：1（体积比）。将基质消毒后装入50孔或72孔穴盘中。若采用土壤育苗，应选择2年内没有种植过十字花科蔬菜的地块，做成宽1.2～1.5 m的平畦。播种前先用10%磷酸三钠溶液浸种10 min，或用50%多菌灵可湿性粉剂500倍液浸种2 h，或用300倍福尔马林溶液浸种30 min，捞出后用清水洗净、晾干表层水分后播种。

采用基质育苗时，先将穴盘中的基质浇透水，待水渗下后，将种子点播于穴盘内，每穴播1粒，播种深度0.5～1 cm，播后覆盖消毒蛭石。采用土壤育苗时，先浇透底水，待水渗下后均匀撒种，覆盖湿润细土0.5～1 cm，每亩用种量为100～150 g。播种后保持苗床气温白天20～24℃，夜间15～18℃，2 d可出苗。幼苗出齐后白天将温度控制在18～22℃，夜间12～16℃。为了避免幼苗徒长，应控制浇水，保持空气湿度在60%～80%。幼苗长至4～5叶进行大温差炼苗，白天22～25℃，夜间10～12℃。当幼苗长至株高20 cm左右，4～5片真叶时，选择幼茎粗壮、叶色浓绿、根系发达、无病虫害和机械损伤的壮苗定植。

三、定植

选择排灌良好，土层深厚、肥沃、疏松的中性土壤。定植前将前茬作物清除干净，密闭温室，用百菌清、二甲菌核利等烟剂杀菌消毒。之后撒施优质腐熟的有机肥3～5 m³/亩，氮磷钾三元复合肥（15-15-15）20～30 kg/亩，深翻25～30 cm，耙平后起垄（高20 cm左右）或作畦。定植行距50～60 cm，株距40 cm左右。定植时在垄顶划10 cm左右浅沟，顺沟浇50%的多菌灵可湿性粉剂500倍液或50%苯菌灵可湿性粉剂800倍液，药液渗下后按株距放苗，封垄后浇透定植水。栽植深度埋至第一片真叶下方为宜。

四、田间管理

1—2月以保温为主，可采用多层薄膜覆盖，且保持棚膜清洁，最外层用透光率85%左右的紫色或红色无滴棚膜覆盖。白天温度控制在20～25℃，夜间12℃以上，以防通过春化和先期抽薹。3月随着气温升高，可逐渐加大通风量和延长通风时间，白天温度控制在20～26℃，夜间12～18℃。春大白菜生长前期气温、地温低，应尽量减少浇水次数。莲座初期结合浇水，每亩施氮磷钾三元复合肥（15-15-15）15～20 kg。3月15日左右浇一水。团棵时施尿素15～25 kg/亩；结球后随水冲施氮磷钾三元复合肥（15-

15-15）30～50 kg/亩。每隔15 d喷施1次10 mmol/L氯化钙，预防干烧心。

五、收获

包心达七成时开始陆续收获，待叶球抱紧充实后（3月下旬至4月初）收获完毕。

六、病虫害防治

早春白菜主要病害有霜霉病、软腐病、根肿病、干烧心等，主要虫害有蚜虫、菜青虫、小菜蛾、甜菜夜蛾等。

1. 农业防治

选用抗病、抗逆品种；选择2年内未种过十字花科蔬菜的田块种植；定植时采用高垄或高畦栽培，并通过放风、地面覆盖等措施，控制各生育期的温湿度，减少或避免病害发生；增施充分腐熟的有机肥，减少化肥用量；清除前茬作物残株，降低病虫基数；拔出病株，并集中进行无害化销毁。

2. 物理防治

在大拱棚门口和放风口设置40目以上的银灰色网防虫网，同时棚内悬挂25 cm×40 cm黄色粘虫板诱杀蚜虫、粉虱等害虫。每亩悬挂30～40块，悬挂高度与植株顶部持平或高出10 cm。

3. 生物防治

可用2%宁南霉素水剂200～250倍液预防病毒病，用0.5%印楝素乳油600～800倍液喷雾防治蚜虫、粉虱等。

4. 化学防治

可用25%嘧菌酯悬浮剂1 500倍液，或68.5%氟吡菌胺·霜霉威盐酸悬浮液1 000～1 500倍液，或52.5%噁酮·霜脲氰水分散粒剂2 000倍液喷雾防治霜霉病；用72%农用链霉素可湿性粉剂3 000～4 000倍液，或72%新植霉素可湿性粉剂4 000倍液喷雾防治软腐病；根肿病可于定植前在垄（畦）面撒施1.5～3.0 kg/亩五氯硝基苯，也可用75%五氯硝基苯可湿性粉剂700～1 000倍液，移植前每穴浇0.25～0.5 kg药液，或在田间发现少量病株时用药液浇灌；干烧心可在莲座期和结球期喷洒0.7%氧化钙和2 000倍萘乙酸混合液，或0.2%氯化钙溶液，或0.7%硫酸锰溶液防治，每隔7～10 d喷1次。蚜虫可用25%噻虫嗪水分散粒剂2 500～3 000倍液，或10%吡虫啉可湿性粉剂1 000倍液，或25%噻嗪酮可湿性粉剂1 500倍液喷雾防治，也可用30%吡虫啉烟剂，或20%异丙威烟剂熏杀；菜青虫、小菜蛾、甜菜夜蛾等可用2.5%多杀霉素悬浮剂1 000～1 500倍液或20%虫酰肼悬浮剂1 000～1 500倍液喷雾防治。

第二节　冬春白菜

种植茬口安排：11月下旬播种育苗，1月初定植，3月上中旬收获，设施为大拱棚，可采用冬春白菜—春夏甜瓜—夏秋青蒜苗高效种植模式。

一、品种选择

选择抗病、抗寒、耐抽薹、丰产、商品性好的品种，如菊锦等。

二、育苗

采用大拱棚进行保温育苗，白天温度20～25℃，夜间以15℃为宜。大白菜在10℃以下，经过10～30 d，就可以通过春化而抽薹开花，要确保育苗期间苗床最低温度在13℃以上，超过25℃时要通风降温。

三、定植

选择排灌良好，土层深厚、肥沃、疏松的中性土壤。定植前将前茬作物清除干净，每亩施用腐熟优质的秸秆发酵肥10 m³，或施有机肥3 000~4 000 kg、复合肥20~25 kg作基肥。当棚内气温稳定在6℃以上时定植，行株距为60 cm×40 cm。定植时，剔除无心叶的畸形苗，每穴栽1株壮苗，栽植深度埋至第一片真叶下方为宜。栽后浇水封穴，经5~6 d可缓苗。在棚内离棚膜30 cm加一层二膜，在白菜畦上扣小拱棚，在小拱棚上再扣一个中拱棚，共4膜覆盖。

四、栽培管理

温度管理：由于定植时温度较低，定植后以保温为主。5~6 d缓苗后当温度超过25℃时适当降温。温度白天控制在22~25℃，夜间温度保持在10℃以上，以免引起抽薹开花，进入3月注意通风降温，白天温度控制在26℃以下，以防温度过高影响白菜包心。

肥水管理：定植后缓苗期以蹲苗为主，促进根系生长。进入包心期之后做到肥水齐攻，视天气情况每8~10 d浇1次水，并随水每亩施复合肥15 kg，切忌大水浸灌。随着外界气温转暖注意放风，以防高温高湿诱发病害。

五、采收

包心达七成时开始陆续收获，待叶球抱紧充实后（3月中旬）收获完毕。

六、病虫害防治

冬春白菜主要病害有霜霉病、软腐病、根肿病、干烧心等，主要虫害有蚜虫、菜青虫、小菜蛾、甜菜夜蛾等。按照"预防为主，综合防治"的植保方针，坚持"以农业防治、物理防治、生物防治为主，化学防治为辅"的防治原则。

1. 农业防治

选用抗病、抗逆品种；定植时采用高垄或高畦栽培，并通过放风、地面覆盖等措施，控制各生育期的温湿度，减少或避免病害发生；增施充分腐熟的有机肥，减少化肥用量；清除前茬作物残株，降低病虫基数；拔出病株，并集中进行无害化销毁。

2. 物理防治

在大拱棚门口和放风口设置40目以上的银灰色网防虫网，同时棚内悬挂25 cm×40 cm黄色粘虫板诱杀蚜虫、粉虱等害虫，每亩悬挂30~40块，悬挂高度与植株顶部持平或高出10 cm。

3. 生物防治

可用2%宁南霉素水剂200~250倍液预防病毒病，用0.5%印楝素乳油600~800倍液喷雾防治蚜虫、粉虱等。

4. 化学防治

可用25%嘧菌酯悬浮剂1 500倍液，或68.5%氟吡菌胺·霜霉威盐酸悬浮液1 000~1 500倍液，或52.5%噁酮·霜脲氰水分散粒剂2 000倍液喷雾防治霜霉病；用72%农用链霉素可湿性粉剂3 000~4 000倍液，或72%新植霉素可湿性粉剂4 000倍液喷雾防治软腐病；根肿病可于定植前在垄（畦）面撒施1.5~3.0 kg/亩五氯硝基苯，也可用75%五氯硝基苯可湿性粉剂700~1 000倍液，移植前每穴浇0.25~0.5 kg药液，或在田间发现少量病株时用药液浇灌；干烧心可在莲座期和结球期喷洒0.7%氧化钙和2 000倍萘乙酸混合液，或0.2%氯化钙溶液，或0.7%硫酸锰溶液防治，每隔7~10 d喷1次。蚜虫可用25%噻虫嗪水分散粒剂2 500~3 000倍液，或10%吡虫啉可湿性粉剂1 000倍液，或25%噻嗪酮可湿性粉剂1 500倍液喷雾防治，也可用30%吡虫啉烟剂，或20%异丙威烟剂熏杀；菜青虫、小菜蛾、甜菜夜蛾等可用2.5%多杀霉素悬浮剂1 000~1 500倍液，或20%虫酰肼悬浮剂1 000~1 500倍液喷雾防治。

第三节　露地秋白菜

种植茬口安排：8月中下旬播种，10月底至11月上旬收获。

一、品种选择

选用耐热、抗病、早熟、结球后不易开裂的大白菜品种。如北京新3号、秋黄5号、德高101、津青75、秋绿60等。

二、播期及播量

秋白菜8月下旬播种，亩用重量为100～150 g。

三、播种方式

播前清理前茬茎叶、地膜等。撒施氮磷钾三元复合肥（15-15-15）30 kg/亩，整地。留部分地做育苗床，将种子均匀撒施苗床育苗，播种后覆盖0.5 cm厚过筛细土。待幼苗5～6片叶移栽，按照株行距40 cm×60 cm定植，密度为2 700棵/亩。

四、田间管理

定植时浇透水，缓苗后到莲座期视天气和土壤墒情浇水。莲座后期要控制灌水进行蹲苗，蹲苗期的长短根据天气、土壤、苗情和品种而定。蹲苗后浇一次透水后，5～6 d浇一次水，使土壤保持湿润。采收前7～10 d停止浇水，以免球体水分过大，引起腐烂。

大白菜产量高，需肥量大。追肥要根据土壤肥力、生长时期和苗情在幼苗期、莲座期、结球初期、结球中期分期施用。幼苗期不追肥，齐苗后3～4叶期，看苗情每亩追施尿素5～10 kg，并立即浇水，称"提苗肥"；第二次在定苗或育苗移栽后，追施尿素10～15 kg/亩，随后浇一次大水，称"发棵肥"；第三次在莲座期，追施尿素10~15 kg/亩、过磷酸钙10~15 kg/亩，并浇水，称"大追肥"；第四次在结球期，追施尿素25~30 kg/亩，也可分2次进行，即结球初期追施尿素10~15 kg/亩，硫酸钾7~8 kg/亩，称"灌心肥"；结球中期追施尿素8~12 kg/亩，可随水冲施，称"包球肥"，也可喷洒叶面肥，用0.1%~0.2%的磷酸二氢钾，每7~10 d喷1次，共喷3次，喷洒时间以17时以后为好。此外，中耕除草，且宜浅不宜深。

五、收获

秋白菜在10月底至11月上旬收获。对包球不实的植株要在收获前5~10 d（10月下旬）进行捆菜；包心紧实达到商品成熟时要收获，最迟要在立冬后小雪前收获完毕，以免过晚遭受冻害。

六、病虫害防治

秋大白菜重点防治霜霉病、细菌性软腐病、根肿病和病毒病等病害，主要虫害有蚜虫、白粉虱、菜青虫和甜菜夜蛾等。

1. 农业防治

加强中耕除草，清理上茬残留植株及套种玉米的枯叶、病叶等。

2. 物理防治

可采用银灰膜避蚜，也可利用蚜虫和白粉虱的趋黄性，在田间设置黄板诱杀。

3. 生物防治

可每亩用生物药剂3%除虫菊素微囊悬浮剂45 mL喷雾防治蚜虫；挂置频振式杀虫灯或黑光灯诱杀菜青虫、甜菜夜蛾；也可利用生物制剂Bt 250~500倍液喷雾防治菜青虫、甜菜夜蛾低龄幼虫。

4. 化学防治

可用68.5%氟菌·霜霉威悬浮剂1 000~1 500倍液，或用50%

烯酰吗啉可湿性粉剂2 000～2 500倍液，或69%霜脲锰锌可湿性粉剂600～750倍液喷雾防治霜霉病；用75%五氯硝基苯可湿性粉剂700～1 000倍液或百菌清75%可湿性粉剂1 000倍液灌根防治根肿病；用新植霉素4 000倍防治软腐病，10～15 d喷1次，连喷2～3次；用20%吗胍·乙酸铜可湿性粉剂500倍液或1.5%植病灵乳油1 000～1 500倍液或喷雾防治病毒病；用50%吡蚜酮水分散粒剂2 000倍液，或3%啶虫脒3 000倍液喷雾防治蚜虫和白粉虱；用4.5%高效氯氰菊酯乳油1 500～2 000倍液或5%氟啶脲乳油2 000～3 000倍液喷雾防治甜菜夜蛾和菜青虫。

西　瓜

第一节　早春西瓜

种植茬口安排：12月播种育苗，翌年2月上中旬定植，5月上旬收获。设施为大拱棚早春西瓜—秋延迟茄子高效栽培模式。

一、品种选择

选择早熟、高产、耐寒、品质好、商品形状优良的品种，如京欣、甜王等，砧木选用白籽南瓜。

二、育苗

采用嫁接育苗，砧木播种要比接穗早5～7 d。砧木种子播于营养钵内，接穗种子播于营养钵内或苗床上。待砧木1叶1心、西瓜真叶初露时适时嫁接。嫁接方法采用顶插法，嫁接后进行遮阳，避免阳光直射，白天保持25～28℃，夜间18～22℃，空气湿度控制在70%以上，4～5 d后适当通风降湿，7 d后逐步揭去覆盖物，适度透光，10 d后转入正常管理，白天控制温度20～25℃，夜间15～17℃，防止高脚苗出现。定植前要适当降温炼苗1周。

三、定植

根据西瓜品种确定定植密度，小瓜型品种定植密度大，大瓜型品种定植密度稀。大瓜型品种定植时按株距35～40 cm打定植穴，将西瓜苗去钵放入定植穴内，周围用客土填实，浇足定植水后，扣2 m及3 m两层小拱棚保温。

四、田间管理

整枝摘心：在西瓜团棵甩蔓后，要理蔓整枝，视不同品种采用双蔓、三蔓整枝。小型瓜采用双蔓整枝；中、大型瓜采用三蔓整枝，主蔓留瓜，二侧蔓引向主蔓对侧，其余侧枝全部去掉。根据西瓜长势进行摘心、打顶。

授粉管理：西瓜为雌雄异花同株作物，主要靠昆虫传粉。棚内无风且少有蜜蜂等昆虫，应适时进行人工授粉以提高坐瓜率。授粉时选用肥大的雄花，在8—11时进行。阴天低温时，雄花散粉晚，可适当延后。一枚雄花授1～2朵雌花。为提高坐果率，防止空秧，在主蔓上第2、3雌花授粉，择优留瓜，确保优质高产。

温度管理：大拱棚早春西瓜整个栽培过程中，根据西瓜的不同生长期，大拱棚内温度管理遵循"三高三低"原则。"一高"：在移栽定植后，正处2月上中旬，因外界温度较低，需提前覆盖棚内小拱棚膜及地膜，提高棚内温度及地表温度，以利于提高西瓜定植苗成活率，促进缓苗，此期持续15～20 d。"一低"：3月上中旬，随外界气温上升，棚内温度上升较快，为避免西瓜幼苗徒长，需陆续撤掉2 m、3 m小拱棚膜，并适当对大拱棚进行顶部通风，以利于西瓜伸蔓发根，稳健生长，此期持续15～20 d。"二高"：在团棵后，3月中下旬，开始进行授粉，白天需提高棚内温度（在33～35℃），以促进西瓜花芽分化，以利于西瓜开花坐果。此期持续7 d左右。"二低"：授粉完成后，可通过通风适当降低棚内温度3～5℃，以促进光合作用进行，促进光合产物积累，促进叶片增厚，以提高西瓜植株抗病性，为后期高产打下坚实基础，此期持续15 d左右。"三高"：西瓜第一次浇水后，为促进西瓜膨大，白天需提高棚内温度，在35℃左右，以利于生产瓜形好的优质西瓜，此期持续15 d左右。"三低"：在西瓜成熟期，第二次浇水后，需适当通风降温，可在大拱棚上利用天窗或"扒肩"放风，白天保持棚温30℃左右，最高不超过35℃，之后随外界气温升高，不断加大通风量，此期持续10～15 d。

水肥管理：大拱棚早春西瓜前期因温度偏低，应尽量减少浇水。定植时浇足底水，缓苗期不浇水。西瓜团棵后，浇水1次，同时可随水冲施生物菌肥以促进西瓜根系生长；西瓜长至碗口大时进行第二次浇水并冲施水溶性肥料，此水后至收获期不再浇水。施腐熟有机土杂肥5 000 kg/亩（或腐熟鸡粪1 000 kg或腐熟稻壳粪5～6 m³）、45%（15-5-25）的硫酸钾复合肥40～50 kg作为基肥，以促进植株生长，为开花坐果和幼果发育奠定基础。待幼瓜坐住，长至碗口大时，西瓜植株进入吸肥高峰期，为保证养分的供应，结合第二次浇水，冲施水溶性肥料，选择高钾水溶肥料5～8 kg/亩（$N-P_2O_5-K_2O=16-8-34$）随水冲施。浇水前后结合药剂防治，可进行喷施叶面肥料，补充中微量元素，提高西瓜品质。

五、收获

西瓜成熟后，果实坚硬光滑并有一定光泽，皮色鲜明，花纹清晰。也可根据品种特性确定西瓜成熟后，适时全部采收。采收时，用刀割或剪子剪断果柄，且果柄留在瓜上。采收时间以早晨或傍晚为宜。

六、病虫害管理

西瓜主要的病害有炭疽病、蔓枯病等，虫害有蚜虫等。

1.农业防治

育苗期间尽量少浇水，加强增温保温措施，保持苗床较低的湿度和适合的温度，可预防苗期发病。重茬种植时采用嫁接栽培或选用抗枯萎病品种，可有效防止枯萎病的发生。在酸性土壤中施入石灰，将pH值调节到6.5以上，可有效抑制枯萎病的发生。防治蚜虫，拔除并销毁田间发现的重病株，防止蚜虫和农事操作时传毒，可有效预防病毒病的发生。叶面喷施0.2%磷酸二氢钾溶液，可以增强植株对病毒病的抗病性。

2. 物理防治

选用银灰色地膜覆盖，可收到避蚜的效果。也可采取糖酒液诱杀，将糖、醋、酒、水和90%敌百虫晶体按3∶3∶1∶10∶0.6比例配成药液，放置在苗床附近诱杀种蝇成虫，并可根据诱杀量及雌、雄虫的比例预测成虫发生期。

3. 生物防治

可通过将七星瓢虫等天敌迁入瓜田捕食蚜虫，可降低瓜蚜的虫口密度。

4. 药剂防治

定植前病虫害防治：为防止根结线虫的为害，采用穴施或撒施颗粒药剂的方法，选用福气多颗粒剂，每亩用量为500～1 000 g。苗期病虫害防治：缓苗期主要防治细菌性病害，以预防为主，7～10 d药剂防治1次；虫害以蚜虫为主，病害防治药剂选用甲基硫菌灵、百菌清等广谱、低毒药剂；虫害防治药剂选用吡虫啉、溴氰菊酯等。授粉前主要防治病害有炭疽病、蔓枯病等，防治炭疽病选用10%苯醚甲环唑水分散粒剂1 500倍液等。防治蔓枯病可选用75%甲基硫菌灵800～1 000倍液，或70%代森锰锌500～600倍液，或25%吡唑醚菌酯1 000倍液等喷防，每7～10 d防治1次。授粉后随着温度的不断升高，病虫害发生逐渐加重，对病害的防治仍以炭疽病为主，以喷施杀菌性药剂为主。留瓜后，因瓜极为幼嫩，易被虫咬，因此要重点防治虫害，主要包括菜青虫、吊丝虫、蚜虫等，可喷施苏云金杆菌（Bt）悬浮剂500～800倍液，也可选用1.8%阿维菌素2 000倍液喷雾防治。

第二节 秋延迟西瓜

种植茬口安排：7月初播种育苗，7月中下旬定植，10月上旬收获。设施为大拱棚，可采用早春西瓜—秋延迟西瓜高效栽培模式。

一、品种选择

选择品质优，成熟期短，单瓜重在2.5 kg左右的小型西瓜品种，如早春红玉、全美2K、红小玉、特小凤等，在夏秋大拱棚中生产表现较好。

二、育苗

采用嫁接育苗，砧木播种要比接穗早5~7 d。砧木种子播于营养钵内，接穗种子播于营养钵内或苗床上。待砧木1叶1心、西瓜真叶初露时适时嫁接。嫁接方法采用顶插法，嫁接后进行遮阳，避免阳光直射，白天保持25~28℃，夜间18~22℃，空气湿度控制在70%以上，4~5 d后适当通风降湿，7 d后逐步揭去覆盖物，适度透光，10 d后转入正常管理，白天控制温度20~25℃，夜间15~17℃，防止高脚苗出现。定植前要适当降温炼苗1周。

三、定植

当瓜苗长到3~4片真叶时进行移栽定植到定植沟内，株距40 cm。尽量选择晴天的上午移栽。

四、田间管理

整枝吊蔓：因小型西瓜需要留多茬瓜采收，须严格整枝，减少养分的浪费。采用双蔓整枝，保留主蔓及长势最强的1个侧蔓也做为主蔓，去除其余的侧蔓。将两条定植沟的瓜蔓全部向拱棚中间的方向生长。当主蔓生长到60～80 cm时开始整枝，去除坐果节位节的其他侧蔓或孙蔓，待坐果后不再整枝。利用小枝条或拉绳子固定位秧蔓，防止瓜蔓被风吹翻而影响合作用进程。

授粉坐瓜：根据瓜蔓长势选择第2或第3朵雌花授粉，当瓜蔓长势旺时选择第2朵雌花授粉，可防止植株徒长；植株产期长势较弱，则授第3朵花或再增加节位。为提高坐果率和授粉质量，选择开花期8—10时进行人工授粉。授粉后在雌花旁边做上标记，注明授粉时间，便于适时采收。第一茬瓜采收前后第2次授粉，留二茬瓜。生长后期，根据瓜蔓长势授粉三茬瓜或四茬瓜。

疏果：当西瓜长至鸡蛋大小时，选留果形端正、个大、瓜柄直而粗、有茸毛的幼瓜，摘除生长不良的幼瓜。双蔓整枝的两条主蔓各留1个瓜。

翻瓜：坐果后15～20 d，于晴天下午进行一次翻瓜，使朝地的一侧瓜面转向上面，同时用干燥的稻草或果垫垫果，促使西瓜表皮着色均匀。

水肥管理：为促进优质生产，根据植株长势，坐果前，特别是开花前后不追肥，防止植株徒长或不坐果。待幼瓜坐稳长到鸡蛋大小时，开始追肥，促进果实膨大。配好肥料，利用滴灌将追肥施入瓜沟中，每隔1周追施高效速溶三元复合肥20 kg/亩。为防止植株早衰，提高品质，可叶面喷施0.3%磷酸二氢钾补充养分。西瓜膨大期间需要保持田间湿润，采收前7～10 d控制水分，过量浇水会造成裂瓜。当二茬瓜、三茬瓜坐住后，采用同样的方法追肥。

五、收获

西瓜成熟后，果实坚硬光滑并有一定光泽，皮色鲜明，花纹清晰，可根据品种特性确定西瓜成熟后，适时全部采收。采收时，用刀割或剪子剪断果柄，且果柄留在瓜上。采收时间以早晨或傍晚为宜。

六、病虫害管理

西瓜主要的病害有炭疽病、蔓枯病等，虫害有蚜虫等。

1. 农业防治

育苗期间尽量少浇水，加强增温保温措施，保持苗床较低的湿度和适合的温度，可预防苗期发病。重茬种植时采用嫁接栽培或选用抗枯萎病品种，可有效防止枯萎病的发生。在酸性土壤中施入石灰，将pH值调节到6.5以上，可有效抑制枯萎病的发生。防治蚜虫，拔除并销毁田间发现的重病株，防止蚜虫和农事操作时传毒，可有效预防病毒病的发生。叶面喷施0.2%磷酸二氢钾溶液，可以增强植株对病毒病的抗病性。

2. 物理防治

选用银灰色地膜覆盖，可收到避蚜的效果。也可采取糖酒液诱杀，方法为将糖、醋、酒、水和90%敌百虫晶体按3∶3∶1∶10∶0.6比例配成药液，放置在苗床附近诱杀种蝇成虫，并可根据诱杀量及雌、雄虫的比例预测成虫发生期。

3. 生物防治

可通过将七星瓢虫等天敌迁入瓜田捕食蚜虫，可降低瓜蚜的虫口密度。

4. 药剂防治

苗期病虫害防治：缓苗期主要防治细菌性病害，以预防为主，7~10 d药剂防治1次；虫害以蚜虫为主，病害防治药剂选用甲基硫菌灵、百菌清等广谱、低毒药剂；虫害防治药剂选用吡虫啉、溴氰菊酯等。授粉前主要防治病害有炭疽病、蔓枯病等，选用10%苯醚甲环唑水分散粒剂1 500倍液防治炭疽病效果好等。防治蔓枯病可选用75%甲基硫菌灵800~1 000倍液，或70%代森锰锌500~600倍液，或25%吡唑醚菌酯1 000倍液等，每7~10 d防治1次。授粉后随着温度的不断升高，病虫害发生逐渐加重，对病害的防治仍以炭疽病为主，以喷施杀菌性药剂为主。而留瓜后，因瓜极为幼嫩，易被虫咬，因此要重点防治虫害，主要包括菜青虫、吊丝虫、蚜虫等。可选用药剂主要喷洒苏云金杆菌（Bt）悬浮剂500~800倍液，也可选用1.8%阿维菌素2 000倍液喷雾。

第三节　夏西瓜

种植茬口安排：3月上中旬育苗，4月中旬定植，5月下旬至6月初采收第1茬瓜，7月中旬可收获第2茬瓜。设施为大拱棚，可采用春马铃薯—夏西瓜—秋延迟辣椒高效栽培模式。

一、品种选择

选择丰产、抗病品种，如丰收2号、金冠龙、中华宇宙王、百丰2号等。常用插接法嫁接，选用葫芦或新土佐作砧木。

二、育苗

3月上中旬育苗播种。浸种前晒种1 d，可以提高种皮通透性，提高种子活力，降低苗期病害的发生，提高种子的出芽率。用55℃温水烫种1.5 h，洗净后放在30℃处催芽。西瓜种子有80%露白时即可播种。可采用营养钵或营养块播种，覆土厚1.5~2 cm。砧木比接穗晚播7 d。待砧木第一片真叶出现，接穗子叶展开时嫁接。

接嫁后，保温保湿促缓苗。接后2 d内要严格遮光，2 d后可遮强光，并逐渐见光，1周后不必遮光。白天中午温度保持20~28℃，夜间不低于20℃。嫁接后3 d内要保持100%的空气相对湿度，即嫁接后地面要浇透水，保持膜面水滴。3 d后可逐渐通风，每天放风1~2次，在清晨和傍晚进行，1周后可将棚膜少量打开，放风降温。苗期不必浇水，不追肥，若苗床过干，可在晴天中午浇小水，缺肥时叶面喷施0.3%的尿素或磷酸二氢钾。另外，要去除砧木芽。

三、定植

4月中旬定植，选择在晴天上午进行。将苗定植于大垄背内的2行马铃薯中间，行距210 cm，株距40 cm，每亩定植800株左右。西瓜生长早期可不撤棚，四周掀起大通风，后期也可撤棚露地生产。

四、田间管理

水肥管理：定植缓苗后至5月初，随马铃薯基部侧蔓伸长，应根据苗情追施一次催蔓肥，每亩追施尿素10 kg、硫酸钾10 kg。瓜长至拳头大时进入膨瓜期，此期需肥水量增大，每隔6～10 d浇1次水，结合浇水每亩追施硫酸钾型复合肥15 kg，并每隔7 d结合病虫防治喷一次0.2%磷酸二氢钾与0.3%尿素混合液。采收前8～10 d停止浇水。

植株管理：当主蔓长至70 cm左右时，采用"一主二侧"三蔓整枝法，去掉其余的侧蔓，减少养分消耗。应适当控制瓜蔓生长，整枝压蔓，去除多余的侧蔓及孙蔓。当发现有徒长现象时，可用手在主蔓前端轻轻捏掉瓜秧头或将主蔓捏扁人为造成损伤。选择主蔓的第2～3朵雌花留瓜，主蔓无瓜时可在坐瓜早的侧蔓上留瓜。最好在8—9时摘取当日开放的雄花涂抹雌花柱头进行人工辅助授粉，确保早坐瓜及大小均匀。在两个瓜坐稳后停止授粉。在坐果后25 d时，应翻果，以促使果实均匀成熟、色泽一致。

五、收获

花后30 d，八九成成熟时采收。7月上中旬可收获第2茬瓜。

六、病虫害防治

西瓜病害主要有枯萎病、蔓枯病、炭疽病和病毒病等，虫害有蚜虫、红蜘蛛等。

枯萎病发病初期在病株根部可选用30%甲霜噁霉灵600倍液，

或4%农抗120（嘧啶核苷类抗菌素）水剂500倍液，或40%瓜枯灵100倍液，或菌枯净400～600倍液，或农抗120用200倍药液灌根，7～10 d 1次，连续3～4次；蔓枯病可选用75%百菌清可湿性粉剂600倍液，或56%嘧菌酯百菌清800倍液，或70%代森锰锌可湿性粉剂500倍液喷雾防治；炭疽病可喷75%百菌清可湿性粉剂600倍液或64%杀菌矾500倍液，7～10 d防治1次，连防2～3次；病毒病可用3.95%病毒必克可湿性粉剂或1.8%病毒酰胺乳油500倍液喷雾防治；蚜虫可用20%速灭杀丁乳油2 000倍液，或50%抗蚜威可湿性粉剂2 000倍液，或20%灭扫利乳油2 500倍液，或10%吡虫啉可湿性粉剂3 000倍液喷雾防治；红蜘蛛选用1.8%阿维螨清乳油1 000倍液，或21%灭杀毙乳油2 000倍液，或73%克螨特乳油1 200倍液喷雾防治。

第十四章

甜　瓜

第一节　早春甜瓜

种植茬口安排：1月播种育苗，2月中旬定植，4月下旬采收第一茬甜瓜，6月下旬采收二茬甜瓜，设施大拱棚，可采用早春甜瓜—秋延迟辣/甜椒高效栽培模式。

一、品种选择

选择早熟、高产、耐寒、品质好、商品形状优良的薄皮甜瓜品种，如青州银瓜、羊角蜜、甜宝等，选用白籽南瓜作为砧木嫁接。

二、育苗

在1月中下旬播种，2月中旬定植，砧木播种要比接穗早5～7 d。砧木种子播于营养钵内，薄皮甜瓜播于营养钵内或苗床上。播种前对种子进行温汤浸种消毒。

嫁接：待砧木1叶1心、甜瓜真叶初露时适时嫁接。嫁接方法采用顶插法，嫁接后进行遮阳，避免阳光直射，白天保持25～28℃，夜间18～22℃，空气湿度控制在70%以上，4～5 d后适当通风降湿，7 d后逐步揭去覆盖物，适度透光，10 d后转入正常管理，白天控制温度20～25℃，夜间15～17℃，防止高脚苗出现。定植前要适当降温炼苗1周。

三、定植

大拱棚内提前搭设小拱棚，提高地温。选择晴天，在垄上按株距40 cm打定植穴，将甜瓜苗去钵放入定植穴内，周围用客土填实，浇足定植水后，封穴。定植后7 d左右，覆盖银灰色地膜。

四、田间管理

整枝打杈：在甜瓜团棵甩蔓后，要理蔓整枝。此时需将甜瓜植株上的雄花摘除。采用单蔓整枝，将主蔓生长点打掉，待子蔓30 cm时，进行吊蔓。在伸蔓期，第一茬瓜从子蔓上第8节位到第13节位的孙蔓留瓜，第8节位以下的侧枝全部摘除。孙蔓留瓜时，需对孙蔓进行打顶操作，宜在孙蔓瓜前、瓜后各留一叶进行打顶，利于瓜后期生长。单蔓整枝的第一茬瓜留3个，双蔓整枝的两个蔓各留2个瓜。

温度管理：大拱棚早春薄皮甜瓜栽培过程中，不同生长期对温度要求不同，缓苗阶段要求较高的温度，白天气温28~32℃，夜间不低于14℃。缓苗后，白天25~30℃，夜间不低于15℃。坐瓜后，白天气温保持28~32℃，气温到30℃时，可进行放风，午后低于28℃，要关闭通风口，夜间15~18℃。随着温度的上升，大拱棚内温度管理以通风为主，防止高温伤苗和瓜秧早衰。

水肥管理：大拱棚早春甜瓜前期因温度偏低，应尽量减少浇水。定植时浇足底水，缓苗期不浇水。甜瓜进入伸蔓期后，浇水并冲施水溶性肥料5~8 kg/亩。雌花开花前后要控制浇水，以利于坐瓜。当多数植株坐住两个瓜时，开始浇大水，两水施水溶性肥料1次，每次5~8 kg/亩。浇水前后结合药剂防治，可进行喷施叶面肥料，补充中微量元素，提高甜瓜品质。

授粉管理：甜瓜为雌雄异花同株作物，应适时进行人工授粉以提高坐瓜率。授粉时选用肥大的雄花，在8—11时进行。阴天低温时，雄花散粉晚，可适当延后，也可采取辅助授粉方式，用坐瓜灵蘸花或涂抹果柄。

五、收获

甜瓜不耐储存，在九成熟时采收。采收时，用剪子剪断果柄，且果柄留在瓜上。采收时间以早晨或傍晚为宜。

六、病虫害管理

为防治根结线虫的为害，采用穴施或撒施颗粒药剂的方法，选用福气多颗粒剂，每亩用量为500～1 000 g。缓苗期主要防治细菌性病害，以预防为主，7～10 d药剂防治1次，选用10%苯醚甲环唑水分散粒剂1 500倍液防治炭疽病。防治蔓枯病可选用75%甲基硫菌灵800～1 000倍液，或70%代森锰锌500～600倍液，或25%吡唑醚菌酯1 000倍液等防治，每7～10 d防治1次。菜青虫、吊丝虫可选用药剂主要喷洒苏云金杆菌（Bt）悬浮剂500～800倍液，也可选用1.8%阿维菌素2 000倍液喷雾。防治蚜虫可采用2.5%溴氰菊酯乳油2 000倍液，或25%噻虫嗪水分散粒剂4 000倍液，或10%吡虫啉可湿性粉剂2 500倍液等喷施。

第二节　秋延迟甜瓜

种植茬口安排：7月中下旬育苗，8月上旬定植，11月底拉秧。设施为大拱棚，可采用早春薄皮甜瓜—秋延迟厚皮甜瓜高效栽培模式。

一、品种选择

选择抗病力强、生育后期较耐低温和弱光、品质和耐贮性好的品种，如伊丽莎白、鲁厚甜1号、西州蜜25等。

二、育苗

秋延迟茬正值夏秋季，温度高、降雨多，病虫害发生重，宜采用营养钵填营养土育苗。在地势高燥、通风良好的地方建造育苗床。拱圆大拱棚内育苗的，保留顶部薄膜，周围大通风，并适当遮阳；也可搭拱棚遮阳育苗，即将苗床做成半高畦，在高畦上搭好竹竿拱架，架高0.8～1 m，只在顶部覆盖塑料薄膜或遮阳网。催芽播种，每个营养钵中播一粒发芽的种子，盖土1～1.5 cm。苗期温度高，幼苗易徒长，应注意加强通风。苗期要喷药防治蚜虫2～3次，对苗床周围的作物及杂草也要喷药，以消灭虫源。育苗中，在中午前后阳光较强时进行遮阳。发生猝倒病时，可用50%敌克松粉剂500～700倍液灌根，还可喷洒75%百菌清600～800倍液预防病害发生。

三、定植

定植前10 d，整地施肥。结合整地每亩施用腐熟优质农家肥4 000～5 000 kg、腐熟鸡粪2 000 kg、过磷酸钙50 kg、氮磷钾复合肥150 kg。按小行距60～70 cm、大行距80～90 cm的不等行距做成马鞍形垄。于垄底每亩施多菌灵1.5 kg，进行土壤消毒。播种后20～25 d，秧苗2叶1心时，小苗定植。选择阴天或晴天下午定植，即先按株距45～55 cm栽好苗，整个大拱棚浇水。每亩栽植1 600～2 000株。

四、田间管理

环境调节：定植后白天温度保持28～30℃，以利缓苗生长，缓苗后白天温度保持在25℃左右。9月下旬天气转凉时，结瓜期白天应保持较高的温度，为27～30℃，夜间温度维持在18℃以上。进入10月底至11月初，天气转凉，并时有寒流侵袭，当夜间温度达不到13℃时，应加强覆盖，在棚底部围盖草苫，防止果实受冻，夜间最低温不低于5℃。进入秋末冬初，应采取措施改善棚室内的光照条件，如清扫塑料薄膜表面灰尘、碎草等。

水肥管理：定植缓苗后，根据土壤墒情，在伸蔓期追施1次速效氮肥，可每亩施尿素10～15 kg、磷酸二铵10～15 kg，随即浇水。幼瓜鸡蛋大小时，进入膨瓜期，可每亩追施硫酸钾10 kg、磷酸二铵15～20 kg，随水冲施。除施用速效化肥外，也可在膨瓜期随水冲施腐熟的鸡粪、豆饼等，每亩施250 kg。果实坐住后可叶面喷施0.3%的磷酸二氢钾。生长初期至开花前，适当控制水分，防止茎叶徒长。膨瓜期水分要充足，果实将近成熟时要控制水分，以免影响品质。

整枝、授粉、留瓜：采用单蔓整枝，每蔓留1～2个果。小果型品种，每株留2个果，大果型品种每株留1个果。留瓜节位在10～14节。开花期需进行人工授粉，授粉时间为8—10时。

五、收获

应根据授粉日期，推算果实的成熟度，同时应根据果皮网纹的有无，香气变化，皮色变化等来判断采收适期。采收宜在清晨进行，采瓜时，多将果柄带秧叶剪成"T"形，可延长货架期，采后存放在阴凉场所。

六、病虫害管理

秋茬甜瓜主要病虫害有病毒病、疫病、白粉病、蚜虫等。

防治病毒病可通过播种前用10%磷酸三钠浸种消毒；整枝打杈；增施磷、钾肥；苗床及其周围要定期喷洒治蚜药剂；育苗阶段用银灰色遮阳网育苗，可减少蚜虫为害，也可减轻病毒病为害。防治疫病可选用58%甲霜灵·锰锌可湿性粉剂600～800倍液，或69%烯酰吗啉·锰锌可湿性粉剂800倍液，或52.5%噁唑菌酮·霜脲氰水分散粒剂2 000倍液喷雾防治。防治白粉病可选用25%粉锈宁可湿性粉剂2 000倍液，或40%氟硅唑乳油8 000～10 000倍液喷雾防治。防治蚜虫可采用黄板诱杀蚜虫，或10%吡虫啉可湿性粉剂4 000～6 000倍液，或2.5%联苯菊酯可湿性粉剂2 000倍液，或2.5%氯氟氰菊酯乳油2 000倍液喷雾防治。

第三节 春夏甜瓜

种植茬口安排：2月下旬播种育苗，4月上旬定植，6月中下旬采收。设施为大拱棚冬春白菜—春夏甜瓜—夏秋青蒜苗高效种植模式。

一、品种选择

选择抗病、耐热、优质、高产、适合市场需求的品种，如鲁厚甜1号、绿青蜜等。

二、育苗

选用工厂集约化商品嫁接苗。

三、定植

定植前将大拱棚前茬作物清除干净，密闭大拱棚，用百菌清、二甲菌核利等烟剂熏烟杀菌消毒。每亩撒施优质腐熟粪肥8 m³，硫酸钾复合肥30 kg，豆饼150 kg，基肥一半撒匀后深翻40 cm耙细整平，另一半撒在瓜沟内。耙平后起垄，垄顶宽15～20 cm，垄高20～25 cm，大行距80 cm，小行距60 cm，株距45 cm。4月上旬定植，栽植深度埋至子叶下方为宜，浇透定植水，悬挂黄蓝板，地膜采用银黑双色地膜，铺设水肥一体化管道。

四、田间管理

温光管理：刚定植的秧苗，如果光照强或定植时散坨秧苗容易萎蔫，中午前后进行遮阴。缓苗后开始通风，白天温度不超过32℃，夜温15℃左右。甜瓜进入开花结果期，白天温度28～32℃，夜温15～18℃。厚皮甜瓜要求较强的光照，注意保持棚膜的洁净。

水肥管理：大拱棚甜瓜适宜空气湿度白天维持在55%～65%，

夜间维持在75%～85%。要合理浇水，选择晴天浇水，严格控制浇水量，浇水后适当放风。晴暖天气适当晚关棚，加大空气流通。若遇阴雨天，既要防止雨水落入棚内增加湿度，又要按时通风换气。当幼瓜长到鸡蛋大时进行追肥1次，以磷钾肥为主，螯合态肥每亩追施30 kg，以后保持土壤湿润，防止忽干忽湿以免引起裂瓜。果实膨大期喷施叶面肥，每7～8 d喷施1次磷酸二氢钾或宝利丰。

整枝：采取单蔓整枝，当瓜秧长至约30 cm时吊蔓，在主蔓上10～14节长出的子蔓坐瓜，当主蔓长到25～30片叶时打顶，将植株长出的其他子蔓全部抹去。

人工授粉：甜瓜人工授粉宜在8—10时进行。授粉时选择当天的雄花和雌花，把雄花去掉花瓣，向雌花的柱头轻轻涂抹，一朵雄花可授3～4朵雌花。

留瓜、吊瓜：当瓜长到鸡蛋大小时留瓜，每株留1个瓜。当瓜长到0.5 kg前应吊瓜。

五、收获

根据不同的品种在果实成熟后收获，也可根据市场行情适当缩短或延长收获期。

六、病虫害防治

春夏大拱棚甜瓜主要病害有病毒病、炭疽病、白粉病、疫病、蔓枯病、枯萎病等，常见虫害有蚜虫、红蜘蛛、烟粉虱、瓜绢螟、美洲斑潜蝇等。

1. 农业防治

根据当地主要病虫害发生情况及重茬种植情况，有针对性地选用抗病、耐热品种；定植时采用高垄或高畦栽培，并通过控制各生育期的温湿度，减少或避免病害发生；增施充分腐熟的有机肥，减少化肥用量；清除前茬作物残株，降低病虫基数；摘除病叶，并集中进行无害化销毁。

2. 物理防治

棚内悬挂黄蓝色粘虫板诱杀粉虱、蓟马等害虫，规格25 cm×40 cm，每亩悬挂30～40块；在大拱棚门口和放风口设置40目以上的银灰色防虫网。

3. 生物防治

可用2%宁南霉素水剂200～250倍液预防病毒病，用0.5%印楝素乳油600～800倍液喷雾防治蚜虫、白粉虱。

4. 化学防治

可用50%硫菌灵可湿性粉剂500倍液，或25%阿米西达悬浮剂1 500倍液，或75%百菌清可湿性粉剂800倍液，或50%多菌灵可湿性粉剂500倍液防治蔓枯病；可用25%嘧菌酯悬浮剂1 500倍液，或68.5%氟吡菌胺·霜霉威盐酸悬浮液1 000～1 500倍液，或52.5%噁酮·霜脲氰水分散粒剂2 000倍液喷雾防治霜霉病；白粉病可用10%苯醚甲环唑水分散颗粒剂2 000～3 000倍液，或43%戊唑醇水悬浮剂3 000～4 000倍液，或40%氟硅唑乳油6 000～8 000倍液，或25%嘧菌酯水分散粒剂1 500～2 000倍液喷雾防治；炭疽病可用70%甲基硫菌灵可湿性粉剂1 000倍液或50%多菌灵可湿性粉800倍液喷雾防治；疫病发生初期，可用18.7%烯酰·吡唑酯水分散粒剂600～800倍液，或72%霜脲·锰锌可湿性粉600～800倍液，或60%吡唑醚菌酯·代森联水分散粒剂1 000～1 500倍液喷雾防治；蚜虫、白粉虱、美洲斑潜蝇可用25%噻虫嗪水分散粒剂2 500～3 000倍液，或10%吡虫啉可湿性粉剂1 000倍液，或25%噻嗪酮可湿性粉剂1 500倍液喷雾防治，也可用30%吡虫啉烟剂或20%异丙威烟剂熏杀。

第十五章

特色蔬菜

第一节　芦　笋

芦笋学名石刁柏，又名龙须菜，嫩茎营养丰富，质地脆嫩、品味清香，维生素和各种氨基酸的含量丰富，对人体的保健有特殊功效。现代医学证明，芦笋对心脏病、高血压、肝炎、肝硬化、全身倦怠、食欲不振等多种疾病有疗效，并具有抗癌、镇静、利尿等医治作用，被认为是21世纪具有发展潜力的高级保健食品，在国际市场有"蔬菜之王"的美称，是一种高产、高效、高创汇的蔬菜。

一、育苗

采用保护地育苗的方法。3月上旬，选择土质疏松、土壤肥沃、透气性好的壤土或沙质壤土，深翻25 cm，每亩施基肥4 000 kg，与土混匀拌成富含有机质的培养土，然后整平作畦，畦长10 m，宽1.2 m，耙平畦面准备催芽播种。绿芦笋栽培，每亩准备种子30 g；白芦笋栽培，每亩准备种子25 g。

二、定植

当芦笋幼苗有3根以上的地上茎及地下贮藏根7条以上，苗高30～50 cm，即可起苗定植。定植前要整平土地，按预定行距开深、宽各40～50 cm的定植沟。每亩施腐熟的厩肥3 000～4 000 kg，与土混合施入定植沟底层。将氮、磷、钾复合肥15 kg施于厩肥之上，与土壤拌匀。

三、田间管理

芦笋定植后，及时浇水缓苗。结合浇水，分次覆土，将定植沟填平。及时发现缺苗情况，并尽早补苗。每次灌水和降雨后，及时中耕，并随时清除杂草。

幼龄芦笋地科学施肥是促根发株取得早产、丰产的关键技术环节。具体的追肥时期、种类、数量和方法是：早春首批幼茎萌发出土时，每亩施复合肥4～5 kg，草木灰50～60 kg。方法是在距植株20～30 cm处开沟（沟深约10 cm），施肥，覆土。第二批嫩茎出土时，每亩施尿素5～6 kg。在气候、土壤墒情适宜的情况下，幼龄芦笋每隔30～40 d抽发一批新的嫩茎，因而要相应的追肥。入秋后，由于气候凉爽，空气湿润，生长发育将更加旺盛，应于早秋、白露、秋分间重施一次秋肥。视土壤肥力情况，一般每亩施复合肥100 kg。

成龄芦笋地的追肥，一般为每个生长周期3次。第一次在春季培土施催芽肥，每亩施复合肥15 kg。第二次于嫩茎采收期过后，6月上中旬，每亩施腐熟的有机肥500 kg，复合肥15 kg，过磷酸钙40 kg。第三次是早秋施补劲肥，每亩施复合肥15 kg。灌水时间、次数应依照芦笋的生长发育状况因地制宜。一般来说，芦笋地每年至少灌水3次。第一次在早春，与施催芽肥结合，灌催芽水；或在采收中期时灌水。第二次在春季嫩茎收获结束后，结合追肥灌复壮水。第三次在初冬，土壤结冻之前灌封冻水，以保证土壤含有充足水分，以利早春提高地温，促使嫩茎提早萌发和采收。在其他时间如遇干旱，也必须适时灌水。由于芦笋不耐涝，浇水时注意不要过量，在雨季注意排水。

四、嫩茎的采收

采收绿芦笋可直接用采笋刀整齐地割下嫩茎，基部不留茬，以免萌发侧芽并成为病虫害繁殖的温床。采笋时，根据厂家的标准一般比收购长度多出1~2 cm，以便加工时切去紫根和纤维多的地方。对田间出生的过细、弯曲、畸形和有病虫害的嫩茎及时割除，防止留苗，满地开花，给病虫害的繁殖蔓延创造条件。采收绿芦笋的采笋刀刀锋利，携带和使用方便即可。

为了提高芦笋产量，绿芦笋可采用留母茎采笋的方法。即在春季采收结束后，每株留直径1 cm以上，生长健壮的劲茎3~4条作为母茎，然后采收其余达到长度的笋芽。

五、病虫害的防治

芦笋的主要病害有茎枯病、锈病、根腐病、立枯病、褐斑病等。其中茎枯病为害最严重。病害防治应以预防为主，以农业措施为基础，应用无毒的高效生物农药或其他高效低毒农药防治病害。重点是在嫩茎采收结束和冬季植株枯萎以后，要进行全面彻底清除，并用药剂对芦笋鳞茎盘和土壤进行彻底消毒杀菌。药剂防治要做到防早、防嫩。从嫩茎萌发到展叶前芦笋最易感病，是防治病害的关键时期。常用的药剂有多菌灵、波尔多液、粉锈宁等。

常见的害虫主要有小地老虎、蝼蛄、蛴螬、金针虫、种蝇、蚜虫、蓟马、十四点泥虫、十二星叶甲等。小地老虎、蝼蛄、蛴螬、金针虫、种蝇防治时要认真清园，彻底清除杂草，严禁施用未腐熟的有机肥料。育苗时用辛硫磷拌土杀死害虫，成茎生长期间可喷洒氧化乐果等农药杀虫。蚜虫、蓟马的防治也可采用喷洒氧化乐果等农药的方法杀虫。十四点泥虫、十二星叶甲等害虫的防治可采用喷洒辛硫磷等农药的方法杀虫。

第二节 大 蒜

种植茬口安排：10月5—10日播种，翌年5月下旬收获。可采用大蒜—辣椒—玉米高效栽培模式。

一、品种选择

选择适宜当地种植的品种，如金乡蒜、苍山蒜。

二、播期及播量

大蒜适宜播期为10月5—10日。晚熟品种：小蒜瓣、肥力差的地块可适当早播；早熟品种：大蒜瓣、肥沃的土壤可适当晚播。另外，还应注意播种与施肥的间隔时间，以防烧苗，间隔期不少于5 d。大蒜种植的最佳密度为22 000～26 000株/亩，重茬病严重地块、早熟品种、小蒜瓣、沙壤土可适当密植，晚熟品种、大蒜瓣、重壤土可适当稀植。每亩用种量约150 kg。

三、播种方式

为便于下茬辣椒的套种应预留套种行，播种行18 cm、套种行25 cm，每种3行大蒜留1套种行。开沟播种，用特制的开沟器或耙开沟，深3～4 cm。株距根据播种密度和行距来定。种子摆放上齐下不齐，腹背连线与行向平行，蒜瓣一定要尖部向上，不可倒置，覆土1～1.5 cm。

栽培畦整平后，每亩用37%蒜清二号EC兑水喷洒，喷后覆盖厚0.004～0.008 mm的透明地膜，也可选用降解膜。降解膜具有降温散湿、改善根际环境、防治重茬病害及增产的作用。

四、田间管理

出苗期：出苗率达到50%时，开始放苗，以后天天放苗，放完为止。破膜放苗宜早不宜迟，迟了苗大，不仅放苗速度慢，而且容易把苗弄伤，同时也易造成地膜的破损，降低地膜保温保湿的效果。

幼苗期：清除地膜上的遮盖物，如树叶、完全枯死的大蒜叶、尘土等杂物，增加地膜透光率，对损坏地膜及时修补，使地膜发挥出其最大功用。用特制的铁钩在膜下将杂草根钩断，杂草不必带出，以免增大地膜破损。

花芽、鳞芽分化期：在翌年春季天气转暖，越冬蒜苗开始返青时（3月20日左右），浇一次返青水，结合浇水每亩追施氮肥5~8 kg，钾肥5~6 kg。

蒜薹伸长期：4月20日左右浇好催薹水。蒜薹采收前3~4 d停止浇水。结合浇水每亩追施氮肥3~4 kg，钾肥4 kg左右。4月20日前后的"抽薹水"，既能满足大蒜的水分需求，又利于4月下旬辣椒的定植，提高成活率，促苗早发；也可以先定植辣椒再浇水，既是"催薹水"，也是"缓苗水"，做到"一水两用"。玉米播种后，根据辣椒、玉米的生长需要及降雨情况进行的浇水，也是"一水两用"。

蒜头膨大期：蒜薹采收后，每5~6 d浇一次水，蒜头采收前5~7 d停止浇水。蒜头膨大初期，结合浇水每亩追施氮肥3~5 kg、钾肥3~5 kg。4月上旬的大蒜"催薹肥"及4月20日前后的大蒜"催头肥"，也为辣椒、玉米的苗期生长提供了足够的营养元素，为辣椒、玉米高产稳产打下坚实基础，达到"一肥三用"的效果。

五、收获

蒜薹顶部开始弯曲，薹苞开始变白时为采收期，应于晴天下午采收。植株叶片开始枯黄，顶部有2~3片绿叶，假茎松软时应采收蒜头。大蒜收获时，尽量减少地膜破损，以免造成水分蒸发、地温降低，影响辣椒的正常生长，也为玉米播种创造良好的土壤墒情。

六、病虫害防治

大蒜主要病害有叶枯病、灰霉病、病毒病、紫斑病等；蒜田主要虫害有3种，地蛆、葱蓟马和葱蝇。

叶枯病：发病初期喷洒50%抑菌福粉剂700～800倍液，或50%扑海因800倍液，或50%溶菌灵，或70%甲基硫菌灵500倍液，7～10 d喷1次，连喷2～3次。均匀喷雾，交替轮换使用。

灰霉病：发病初期喷洒50%腐霉利可湿性粉剂1 000～1 500倍液，或50%多菌灵可湿性粉剂400～500倍液，或25%灰变绿可湿性粉剂1 000～1 500倍液，7～10 d喷1次，连喷2～3次。均匀喷雾，交替轮换使用。

病毒病：发病初期喷洒20%病毒A可湿性粉剂500倍液，或1.5%植病灵乳剂1 000倍液，或18%病毒2号粉剂1 000～1 500倍液，7～10 d喷1次，连喷2～3次。均匀喷雾，交替轮换使用。

紫斑病：发病初期喷洒70%代森锰锌可湿性粉剂500倍液或30%氧氯化铜悬浮剂600～800倍液，7～10 d喷1次，连喷2～3次。均匀喷雾，交替轮换使用。

疫病：发病初期喷洒40%三乙膦酸铝可湿性粉剂250倍液，或72%稳好可湿性粉剂600～800倍液，或72.2%宝力克水溶剂600～1 000倍液，或64%恶霜灵可湿性粉剂500倍液，7～10 d喷1次，连喷2～3次。均匀喷雾，交替轮换使用。

锈病：发病初期喷洒30%特富灵可湿性粉剂3 000倍液或20%三唑酮可湿性粉剂2 000倍液，7～10 d喷1次，连喷2～3次。

地蛆：成虫发生期可喷施2.5%溴氰菊酯乳油3 000倍液防治。产卵高峰期可在肥堆上喷洒90%晶体敌百虫500倍液。幼虫为害期可用75%灭蝇胺可湿性粉剂，或40%辛硫磷乳油，或5%氟铃脲乳油3 000倍液等灌根防治。

葱蓟马：采用20莫比朗1 000倍液，或2.5%三氟氯氰菊酯乳油3 000～4 000倍液，或40%乐果乳油1 500倍液喷雾。

葱蝇：成虫产卵时，采用30%邦得乳油1 000倍液或2.5%溴氰菊酯3 000倍液喷雾或灌根。

第三节 韭 菜

大拱棚韭菜周年生产具有投资小、见效快、风险低等特点，主要集中在春节前后，经济收益较高，是一种较有推广前途的韭菜越冬栽培技术。

一、棚室要求

要求周围无高大建筑物或树木遮阴，大拱棚高2.5～3 m，跨度6～12 m，长度30～80 m，长度在40～50 m较易操作。塑料大拱棚两侧预设有随时可以关闭或打开的放风口。跨度超过8 m，中部要增设一道放风口。

二、品种选择

选用抗病虫、耐低温、休眠期短、分蘖力强、生长速度快、叶片肥厚、直立性好、高产及耐贮运的品种，如雪韭791、平韭四号、平韭六号、汉中冬韭、寒绿王等。

一定要选择新种子，以保证发芽率。要求种子质量符合《韭菜》（NY/T 579—2002）中的二级以上要求，种子纯度≥92%，净度≥97%，发芽率≥85%，含水量≥10%。

三、播种育苗

塑料大拱棚韭菜生产多广泛采用育苗移栽。适宜播期为3月中旬至5月中旬，当地温稳定在12℃以上，日平均气温15～18℃即可播种。

1. 整地施肥

选择土层深厚，土地肥沃，3～4年内未种过葱蒜类蔬菜的土壤作为育苗地。整地前每亩撒施腐熟有机肥4 000～5 000 kg，复合肥

30 kg，深翻细耙，作宽1.2～1.5 m的育苗床，长度依地块而定。

2. 韭菜播种

采用湿播法，即播前将育苗畦内浇透水。水渗后，将种子掺2～3倍沙子或过筛炉灰渣，均匀撒播在畦内，覆盖过筛细土1～1.5 cm厚，用铁耙搂平。每亩选用33%除草通乳油150 mL或48%地乐胺200 mL，加水50 kg喷雾处理土壤。不要重喷或漏喷，药量和水量要准确，以免产生药害或无药效。覆盖地膜或草苫，保湿提温，待70%幼苗顶土时除去苗床覆盖物。

3. 苗期管理

韭菜苗期为从长出第1片真叶到长出5片真叶，苗龄为65～80 d。培育壮苗才能为今后生产优质高产韭菜打好基础。因此，在韭菜苗期应加强水肥管理，做好防草除草和查苗补苗等工作。

水肥管理：出苗前2～3 d浇1水，保持土表湿润，以利出苗。出苗后人工拔草2～3次。齐苗后至苗高15 cm，根据墒情7～10 d浇水1次。结合浇水苗期追肥2～3次，每亩施尿素6～8 kg。雨季排水防涝，防止烂根死秧。立秋后、处暑前5～7 d浇一水，结合浇水追施氮肥2～3次，每亩追尿素6～8 kg。

除草：出苗后应人工拔草2～3次，防止草荒吃苗。也可以每亩用12.5%盖草能乳油50 mL，兑水30 kg叶面喷雾，防除禾本科杂草；用50%扑草净可湿性粉剂80～100 g，兑水30～45 kg，叶面喷雾，防治阔叶杂草。

查苗补苗：直播韭菜如果播种后出苗不好，还需进行补苗。补苗根据实际情况而定，在韭菜长到5片叶，高度20 cm时即可进行移栽。补苗宜早不宜迟，补苗过晚会影响韭菜产量。补苗后应对补苗区域浇一次水，以促进缓苗。

松土：每次雨后或浇水后，浅松沟帮土，注意不要过深以防盖苗。

防倒伏：夏季为加强韭菜植株培养，积蓄养分，不进行收割。为防止倒伏后植株腐烂引起死苗，根据实际条件选择铁丝、竹竿材料，将韭菜叶片架离地面，保持韭菜畦内良好的通风透光条件。可喷施1~2次1 200倍液的75%速克灵可湿性粉剂，防治韭菜烂根烂叶。

养根除薹：韭菜在夏季抽薹开花，以生产青韭为主的韭菜如果在夏季开花结实，会消耗植株大量的养分，从而影响冬季产量。因此，要在韭薹细嫩时摘除，以利于植株养分积蓄，保证冬季韭菜旺盛生长。幼苗出土后，应先促后控。主要管理工作有浇水、追肥、除草、防病虫害等。

四、整地移栽

于8—9月定植到塑料大拱棚内，尽量避开高温雨季。露地育苗苗高18~20 cm为定植适宜苗龄。穴盘育苗成品苗标准为具有4叶1心，株高15~20 cm，要求叶色浓绿，无病虫斑，根系发达，根坨成型。

1. 整地

定植前结合深耕（20~40 cm），进行施肥，每亩施优质有机肥5 000~6 000 kg、磷酸二铵30 kg、尿素30 kg。深翻、耙细，将土肥调匀，整平，做成2 m宽的畦。

2. 移栽

露地育的苗按行距18~20 cm，穴距8~10 cm，每穴8~10株定植。72孔穴盘育的苗按行距18~20 cm，穴距8~10 cm定植；105孔穴盘育的苗按行距18~20 cm，穴距4~5 cm定植。栽培深度以不埋住分蘖节为宜，过深生长不旺，过浅"跳根"过快。定植后四周用土压实，浇透缓苗水，隔4~5 d浇第二次水，以促进缓苗。定植1周后，新叶长出再浇一次缓苗水，促进发根长叶，并划锄中耕2~3次后"蹲苗"。缓苗后至立秋不追肥，以防幼苗过高过细而倒秧。

五、移栽后的管理

早春播种韭菜扣棚前不收割，以养根为主。雨季排水防涝，防止烂根死秧。处暑前5～7 d浇一水，结合浇水追施氮肥2～3次，每亩追尿素6～8 kg。气温14～24℃是韭菜最适宜生长温度，也是水肥管理的关键时期。

从白露开始，根据土壤墒情每7～10 d浇一水，结合浇水追肥1次，每亩追氮磷钾复合肥（15-15-15）30 kg。

寒露后开始减少浇水次数，防止植株贪青，以促进养分向根部回流。旬平均气温降到4℃时浇防冻水，浇防冻水前结合中耕清除田间枯叶，每亩撒施腐熟有机肥1 000 kg或饼肥100～200 kg。此时施肥既能防寒增温，又有冬施春用的效果。

六、扣棚管理

1. 停水控长

"寒露"前停止浇水施肥，以免影响养分向根茎积累。利用干旱强行控制韭菜的贪青徒长，迫使叶部营养加速向鳞茎和根系回流。韭菜回芽并经过一段时间的休眠后，每亩追施尿素30 kg，并浇一次透水。

2. 扣膜时间

休眠期短的雪韭791、雪韭王，叶子枯萎前后均可扣膜，也可提前10 d左右（即10月底）先割一刀韭菜，再行扣膜。休眠期较长的独根红、汉中冬韭，须待地上部枯萎以后（即11月上中旬）扣膜生产。

3. 温湿度管理

扣棚初期不揭膜放风，主要为提升棚内温度，使棚内温度白天保持20～24℃、夜间10～12℃。韭菜萌发后白天温度控制在15～25℃，当气温达到25℃以上时要注意放风排湿，控制相对湿度60%～70%，夜间温度应掌握在10～12℃，最低温度不能低于

5℃。晴天时每天都要进行适时放风，降低棚内湿度，创造不利于病害发生的条件。

气温降至-10℃左右时，棚内增加二层膜或小拱棚，或大拱棚外面加草苫覆盖保温。立春后去掉棚内二层膜或小拱棚。

七、韭菜收割及割后管理

韭菜收割：塑料大拱棚韭菜在1月初至3月下旬收获，可收割3~4刀。从封棚后到第一刀收割，正常管理条件下需40~50 d，春节前割第二刀，第三刀在3月下旬收割。收割前4~5 d，适当揭膜放风，使叶片增厚，叶色加深，以提高韭菜品质。

收割后管理：收割后适当提升棚温3℃左右，尽快促生新芽。以后每刀韭菜的生长期间，棚内温度可较前茬提升2℃，但最高不能超过30℃，昼夜温差应在10~15℃。在第一刀韭菜收割后2~3 d，结合浇水追肥一次，每亩冲施尿素10 kg、钾肥15 kg。每次韭菜收割前20 d停止追施氮肥。翌年4月上旬至11月期间，不收割，主要以养根为主，进入露地韭菜管理模式。

八、病虫害防治

塑料大拱棚栽培韭菜主要病虫害为灰霉病、疫病、生理性黄叶和干尖，以及韭蛆等。

灰霉病可用50%腐霉利可湿性粉剂1 200倍液，或50%多霉灵可湿性粉剂600倍液，或65%甲霉灵可湿性粉剂600倍液，或50%灭霉灵可湿性粉剂800倍液，或50%灰霉宁可湿性粉剂500倍液等药剂喷雾，隔7 d喷1次，连喷4~5次。疫病可用72.2%霜霉威水剂600~700倍液，或25%甲霜灵可湿性粉剂600~1 000倍液，或64%杀毒矾可湿性粉剂500倍液，或40%乙磷铝可湿性粉剂300倍液，或40%疫霉灵可湿性粉剂250倍液等药剂喷雾，每7 d喷施1次，连续防治2~3次。除喷雾施药外，也可在栽植时用药液蘸根。生理性黄叶和干尖主要与土壤酸化、有害气体、高温、冷风、元素失调等有关，在管理上注意施用腐熟有机肥，肥料用量一次不要过多，加强温、湿度管理，根外喷施微量元素肥料等措施预防。虫害主要是韭蛆，可幼虫、成虫综合防治，选用50%辛硫磷乳油1 000倍液，或48%乐斯本乳油500倍液，或1.1%苦参碱粉剂500倍液灌根，每30 d进行1次喷防幼虫；也可于成虫盛发期，顺垄撒施2.5%敌百虫粉剂，每亩撒施2～2.6 kg，或用2.5%溴氰菊酯或20%杀灭菊酯乳油2 000倍以及其他菊酯类农药如氯氰菊酯、氰戊菊酯、百树菊酯等。茎叶喷雾，以9—11时为宜，因为此时为成虫的羽化高峰。韭菜周围的土表亦喷雾周到。秋季成虫发生集中，为害严重时应重点防治。

参考文献

白由路，等，2019. 精准施肥实施技术[M]. 北京：中国农业科学技术出版社.

陈伦寿，陆景陵，2002. 蔬菜营养与施肥技术[M]. 北京：中国农业出版社.

陈杏禹，2020. 蔬菜栽培[M]. 2版. 北京：高等教育出版社.

单建明，2018. 蔬菜水肥一体化技术[M]. 北京：中国农业出版社.

高贤彪，2001. 蔬菜施肥新技术[M]. 北京：中国农业出版社.

高中强，2000. 根菜叶菜薯芋类蔬菜施肥技术[M]. 北京：金盾出版社.

龚攀，2006. 露地蔬菜高效栽培模式[M]. 北京：金盾出版社.

何萍，徐新朋，周卫，等，2021. 肥料养分推荐原理及应用[M]. 北京：科学出版社.

黄绍文，李若楠，唐继伟，等，2019. 设施蔬菜绿色高效精准施肥原理与技术[M]. 北京：中国农业科学技术出版社.

蒋燕，杨红霞，马国才，2013. 瓜类蔬菜科学施肥[M]. 北京：金盾出版社.

金继运，白由路，2001. 精准农业与土壤养分管理[M]. 北京：中国大地出版社.

李博文，等，2014. 蔬菜安全高效施肥[M]. 北京：中国农业出版社.

李朝平，杨亚平，2019. 瓜类蔬菜栽培技术与病虫害防治图谱[M]. 北京：中国农业科学技术出版社.

李颖，王鑫，董海，2018. 图说棚室蔬菜科学用药[M]. 北京：化学工业出版社.

梁飞，吴志勇，王军，2020. 正确选用肥料与科学施肥知识问答[M]. 北京：中国农业出版社.

刘海龙，杨宝生，李阳辉，等，2019. 蔬菜栽培与绿色防控技术[M]. 杨凌：西北农林科技大学出版社.

陆景陵，2001. 植物营养学（上册）[M]. 北京：中国农业大学出版社.

潘宝军，徐景杰，吴增军，2019. 大棚蔬菜栽培技术与病虫害防控[M]. 呼和浩特：内蒙古人民出版社.

彭世勇，等，2021. 蔬菜无土栽培实用技术[M]. 北京：化学工业出版社.

秦勇，2010. 新疆设施蔬菜栽培学[M]. 北京：中国农业出版社，

沈其荣，2001. 土壤肥料学通论[M]. 北京：高等教育出版社.

史永利，2010. 高效节能日光温室蔬菜规范化栽培技术[M]. 北京：金盾出版社.

苏效坡，张承林，2019. 叶菜类蔬菜水肥一体化技术图解[M]. 北京：中国农业出版社.

谭金芳，2011. 作物施肥原理与技术[M]. 2版. 北京：中国农业大学出版社.

唐仲明，张春英，朱希明，等，2014. 蔬菜栽培新技术[M]. 济南：山东科学技术出版社.

涂攀峰，张承林，2019. 根菜类蔬菜水肥一体化技术图解[M]. 北京：中国农业出版社.

王献杰，等，2013. 葱蒜类蔬菜科学施肥[M]. 北京：金盾出版社.

徐爱兰，2018. 露地蔬菜优质高效安全栽培技术[M]. 兰州：兰州大学出版社.

张福锁，陈新平，陈清，等，2009. 中国主要作物施肥指南[M]. 北京：中国农业大学出版社，

张宏彦，刘全清，张福锁，2009. 养分管理与农作物品质[M]. 北

京：中国农业大学出版社.

张洪昌，段继贤，刘星林，2017. 设施蔬菜高效栽培与安全施肥[M].北京：中国科学技术出版社.

张菊平，等，2013.茄果类蔬菜科学施肥[M].北京：金盾出版社.

张文新，于红茹，2014. 番茄高效栽培新模式[M].北京：金盾出版社.

张振贤，于贤昌，1996.蔬菜施肥原理与技术[M].北京：中国农业出版社.

钟莉传，2022.科学测土与合理施肥[M].北京：中国农业大学出版社.

邹良栋，白百一，2013.白菜甘蓝类蔬菜科学施肥[M].北京：金盾出版社.